과학의 쉬는 시간

김상훈 지음 | 김범엽 감수

북스힐

이 책에 대하여

학교를 다니는 많은 학생들에게 과학 시간은 선생님이나 여러 어른들의 기대와 다르게 지긋지긋하다. 상상력과 창조의 시간이어야 할 과학 시간이 언제 끝나는지 시계만 보게 되는 고통의 연속이다. 그 중간에 있는 쉬는 시간은 마치 사막의 오아시스 같다. 이 책은 그 쉬는 시간에 할 법한 이야기들을 모은 것이다.

과학 시간도 지겨운데 쉬는 시간까지 과학 이야기를 할 필요는 없다. 과학이란 호기심과 상상력이 그 시작이자 끝이라고 본다. 이 책의 이야기 중에는 저자의 상상력에 기댄 것들도 많이 있다. 하지만 이 책을 다 읽었을 때는 세상을 보는 눈이 달라져 있을 것이라고 기대한다.

닫힌 세계에 사는 존재는 외부 세계를 본능적으로 적으로 인식한다. 자기 주변 밖을 제대로 이해할 수 없기 때문인데 이는 학문 세계에도 똑같이 적용된다. 그러나 어느 분야든 깊이 파면 팔수록 다른 분야와 서로 밀접하게 연결되어 있다는 것을 알게 된다. 수소 원자와 산소 원자가 결합하면 전혀 성질이 다른 물이라는 물체가 나타나듯이 학문도 마찬가지다. 별 관계가 없을 것 같은 주제들도 서로 연결되어 새로운 학문적 성과가 나타난다.

학창 시절은 마치 스펀지가 물을 빨아들이듯이 세상을 빨아들이는 시기다. 젊은 시절에 미리 경계를 긋고 자신의 한계를 스스로 설정하는 것은 바람직하지 못하다. 나이가 들면 본인이 원치 않더라도 저절로 한계가 지워지고 그 안에 갇히곤 한다. 사고가 탄력을 잃고 경험을 명분 삼아 '꼰대'가 되며, 자기뿐만 아니라 주변의 젊은 세대까지 자신의 틀 안에 가두려 한다.

이 책은 과거 인터넷 블로그에 썼던 글들을 기반으로 고등학생 이상의 독자를 가정하고 다시 정리한 것이다. 블로그 글들을 책 형식으로 수정하였으나 일부 글들은 블로그를 작성할 때의 현장감을 살리기 위하여 작성 날짜와 함께 그대로 두었다. 우주의 모습, 동물의 진화, 인류의 발전 등 3부로 구성되어 있는데, 책의 서술 방식은 과거에서 시작하여 현재를 거쳐 미래로 가는 것이다.

1부 '우주의 모습'에서는 고등학교 지구과학 책에 별로 나오지 않는 태양계와 우주의 진화에 관한 최근에 나온 이야기를 포함하여, 우주의 극소부터 극대까지 여러 가지 이야기들을 다룬다. 이 글을 읽는 과정에서 독자들은 껄끄럽던 천문학이나 물리학에 흥미를 가지게 될 것이다.

2부 "동물의 진화"에서는 지구상 생명체의 진화 과정을 다루는데 생물학의 배경지식을 비롯하여 역시 고등학교 생물책에서는 보기 힘든 것들을 보게 될 것이다. 인류는 지구 생태계의 일부이지 주인이 아니다. 독자들은 생물학의 아름다움에 빠질 것이다.

3부 "인류의 발전"은 인류의 시작부터 현재까지, 그리고 이후의 미래 기술까지를 다룬다. 문명이 발전되어가는 가운데 벌어진 몇 가지 중요한 역사적 사건들을 다루는데 일반적으로 알려진 사실과 다른 이야기들도 나올 수 있다. 독자들은 인류학과 문명사를 다시 생각해보는 시간을 갖게 될 것이다.

전체를 90여 개의 짤막한 독립된 소주제로 구성했기 때문에 앞에서부터 읽을 필요도 없다. 아무 데서나 재미있는 곳부터 읽으면 된다. 고등학생 정도면 누구나 한두 번은 들어 보았을 만한 평범한 이야기와 일부 전문가만 아는 이야기는 가능한 한 넣지 않았으며, 어느 정도 새로운 것이라고 판단되는 것으로 구성하려고 노력했다.

한 가지 아쉬운 것이 있다면 원래는 주제마다 평균 2장의 컬러 사진을 넣었지만, 대부분이 인터넷에서 구한 것들이라 저작권 문제를 염려하여 뺐다는 것이다. 그림은 없지만 상상하면서 읽어주기 바란다. 3부에 유럽 관련 내용이 많이 나오는 것은 이 원고를 정리하던 2015년에 스페인 발렌시아 공대에 있으면서 그곳 생활을 접할 수 있었기 때문이다.

이 책이 진정한 '쉬는 시간'이 되도록 하는 데 아들 범엽이의 감수가 큰 역할을 했다. 이 책을 읽게 될 독자와 같은 세대인 범엽이는 1년여의 긴 시간 동안 저자의 원고를 읽으면서 독자의 관점에서 지나치게 수준이 높거나 낮은 내용들을 가려내어 이 책이 독자의 눈높이에 맞게 구성되도록 해주었다. 또한 내용들 중에 저자가 생략하거나 빠트린 부분들을 보충하여 채워주고 불필요한 중복들을 제거함으로써 독자들이 이해하기 쉽도록 수정해주었다. 뿐만 아니라 이미 기성세대가 되어버린 저자의 고어체적 표현들을 하나하나 꼼꼼히 검토해서 요즘 세대에게 적합하게 수정했다. 범엽이와의 공동 작업은 저자에게 큰 기쁨이 되었다.

편집을 맡아 놓치기 쉬운 세밀한 표현을 교정해주고 이 책이 제대로 모양새를 갖추도록 함께 작업해준 북스힐 편집부 여러분들께 깊은 감사의 말을 전한다. 이 책이 독자들에게 진정 '쉬는 시간'이 되기를 희망한다.

2017년 2월

김상훈

차례

1부 우주의 모습

2부 동물의 진화

3부 인류의 발전

1부

우주의 모습

별이 블랙홀에 빨려 들어가는 상상도[1]

1 http://www.nasa.gov/audience/forstudents/k-4/stories/nasa-knows/ring-a-round-the-saturn.html

1 우주의 끝

밤에 하늘을 보면 별들이 보인다. 저 별들은 지금 저기에 실제로 있을까? 우리가 보는 태양은 8분 전의 모습이다. 태양의 빛이 우리 눈에 도달하려면 약 8분이 걸리기 때문이다.[2]

100광년 떨어진 별은 100년 전의 모습이다. 100만 광년 떨어진 별은 100만 년 전 모습이다. 지금 저 별이 존재하는지 사라졌는지는 100만 년이 지나보아야 안다. 1억 광년 떨어진 별은 1억 년 전 모습이고, 100억 광년 떨어진 별은 100억 년 전 모습이다. 우리는 지금 밤하늘의 모습에서 현재의 우주 모습뿐만 아니라 우주가 탄생할 때부터 지금까지의 모든 우주의 역사를 다 보고 있는 것이다. 밤하늘은 우주의 박물관인 것이다.

저 우주에 끝이 있을까? 만일 있다면 그 끝 저쪽에는 무엇이 있을까? 그런데 우주가 존재한다는 기준이 무엇일까? 무엇이 존재할 때 우주가 존재한다고 말할 수 있을까? 우주에 별은 큰 범위에서 보면 거의 균일하게 분포한다는 것이 지금까지의 연구 결과다. 은하계들도 마찬가지로 큰 범위에서 보면 거의 균일하게 분포한다는 것이다. 이는 크게 보면 우주의 밀도가 거의 균일하다는 뜻이다. 따라서 우주에 아무것도 없는 광대한 공간

---

2 중력은 광속으로 가는 중력파에 의하여 전달된다. 따라서 태양계에서 태양이 갑자기 사라져도 지구에서 그것을 느끼려면 8분이 지나야 한다.

은 없다.

중세 유럽인들은 대서양 끝으로 나가면 거대한 낭떠러지가 있다고 믿었다. '그 낭떠러지로 떨어지면 어디로 가는 것일까? 낭떠러지에 끝이 있을까? 아니면 끝이 없이 계속 떨어질까?' 우리는 이것이 어리석은 의문이며 대서양 끝에 더 이상 낭떠러지가 없다는 것을 안다. 대서양 끝에는 미주 대륙이 있고, 끝까지 서쪽으로 가면 동쪽 끝이 나와서 다시 처음으로 돌아온다.

우주가 존재한다는 말은 시간과 공간이 존재한다는 뜻이다. 시간이 존재한다는 말은 시간이 흐른다는 뜻이다. 우주를 어디까지 가면 더 이상 공간과 시간이 나타나지 않을까? 아니면 계속 시간과 공간이 나타날까?

아직까지도 답이 없는 이 문제에 대하여 아인슈타인은 상대성 이론으로 답을 했다. 그의 우주는 끝은 없으나 유한한 우주다. 북쪽 끝까지 가면 남쪽 끝에서 나오고, 동쪽 끝까지 가면 서쪽 끝에서 나온다. 즉, 뫼비우스 우주다. 이는 중력에 의하여 지구가 둥글 듯이, 중력에 의하여 우주가 둥글게 휘어 있기 때문이다. 그래서 만일 이 세상 끝까지 보이는 망원경으로 우주를 볼 수 있다면 자기 뒤통수가 보인다고 하는 것이다. 또는 우주의

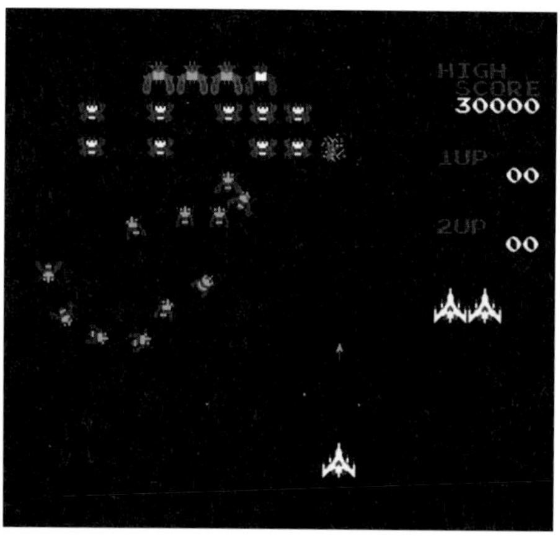

[그림] 상대성 이론에 따라 끝은 없으나 유한한 우주를 구현한 80년대 컴퓨터 게임. 아래 끝으로 내려간 우주선은 위쪽에서 다시 나온다.

끝으로 가고 싶으면 '뒤로 돌아!' 하면 된다는 것이다. 그리고 1980년대에 컴퓨터 게임 업계는 끝은 없으나 유한한 우주를 [그림]처럼 게임으로 구현했다.

공간은 그렇다 치고 시간은 어떻게 해야 할까? 중세 유럽인들이 교회에 물었다. 천지창조 이전에 무엇이 있었느냐고. 교회가 대답하기를 아무것도 없었다고 했다. 또 물었다. 천지창조 이전에 하나님은 계셨느냐고. 교회가 대답하기를 당연히 계셨다고 했다. 하나님은 천지창조 이전에도 이후에도 영원히 계신다고 했다. 그러자 천지창조 이전에 하나님은 무엇을 하고 계셨느냐고 물었다.[3]

빅뱅 이전의 시간에 대해서도 확립된 이론은 없다. 하지만 우리는 공간에 대한 답변처럼 시간도 답할 수 있다. 천지창조가 빅뱅이라면 빅뱅 순간에 공간과 시간이 동시에 만들어졌다고. 즉, '천지창조 이전'의 '이전'이 없는 것이다. 그때부터 시간이 흐르기 시작했기 때문이다.

그러면 우주가 끝나면 시간도 끝날까? 시간이 더 이상 흐르지 않는 상태라는 것은 어떤 것일까? 시간이 흐른다는 것을 어떻게 알까? 그것은 무엇인가 달라졌기 때문에 안다. 만일 1초 전과 1초 후를 전혀 구분할 수 없다면 그동안은 시간이 흐르지 않은 것이다. 그런데 원자는 기본 진동이라는 것이 있어서 절대온도 0도에서도 움직이고 시간은 흐른다. 시간을 멈출 수는 없을까? 특수 상대성 이론에 의하면 속력이 광속에 이르면 시간이 멈춘다고 하는데….

---

3 중세 교회는 '그런 질문을 하는 불쌍한 양들을 위해 하나님께서 지옥을 만들고 계셨다.'라고 답했다 한다.

2

우주의 팽창

미국의 천문학자인 허블은 아주 먼 거리에 있는 하늘의 별들을 관측하다가 1929년에 이상한 현상을 발견했다. 멀리 있는 별일수록 색깔이 붉은색으로 조금씩 변한다는 것이다. 무지개 색에서 빨간색 쪽으로 가면 파장이 길어지고, 보라색 쪽으로 가면 파장이 짧아진다. 따라서 별의 색이 붉은색에 가까워진다는 것은 별에서 나오는 빛의 파장이 길어진다는 뜻이다.

파동은 같은 모양을 반복하는데 한 모양이 가는 거리를 [그림]처럼 파장(wavelength) 또는 '파의 길이' 혹은 '파의 키'라고 한다. 모든 파동은 주파수(f)와 파장(λ)을 곱하면 속력(v)이 된다.즉, $f\lambda = v$이다. 속력이 일정하면 주파수와 파장은 반비례다. 시간이 지남에 따라 붉게 변한다는 것, 즉 파장이 길어진다는 것은 빛을 내는 물체가 관측자로부터 멀어진다는 뜻인데, 이를 도플러 효과(Doppler effect)라 하고 모든 파동에 공통되는 성질이다.

오토바이를 탄 사람이 지나가는 것은 눈을 감고도 오토바이에서 나오는 주파수만 측정하면 알 수 있다. 오토바이가 다가오면 주파수가 커지다가 멀어지면 주파수가 작아지기 때문이다. 바닷속에서 음향탐지장치(SONAR, SOund Navigation And Ranging)로 물체를 추적할 때도 마찬가지다. 반사해서 돌아오는 소리의 주파수가 점차 커지면 둘이 접근하는 것이고, 반대로 점차 작아지면 둘이 멀어지는 것이다.

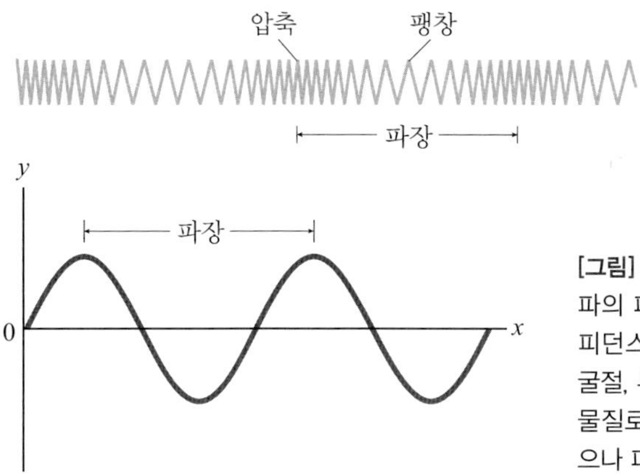

[그림] 위는 종파의 파장이고 아래는 횡파의 파장이다. 파동은 진행하다가 임피던스[4]가 다른 물체를 만나면 반사, 굴절, 투과 등을 하는데, 굴절률이 다른 물질로 진행하면 주파수는 변하지 않으나 파장이 변하여 속력이 변한다.

우주의 어느 지점에서 별들의 색깔 변화를 보아도 별들이 붉은색 쪽으로 가는 것은 같다. 결국 예외 없이 별의 색이 붉은색 쪽으로 간다는 것은 모든 별이 지구에서 멀어진다는, 즉 우주가 팽창한다는 뜻이다. 이를 토대로 시간을 거꾸로 돌리니 약 140억 년 전에는 우주의 모든 별들이 한 점에 있었다는 결론을 얻었다. 이로부터 우주의 나이와 우주 대폭발에 의한 팽창설이 정설로 자리 잡게 되었다.

우주가 팽창하기 시작한 후 적어도 현재는 균일한 속도로 팽창하는지, 팽창하되 팽창 속력이 점차 느려지는지, 아니면 반대로 팽창 속력이 더 빨라지는지가 그다음 문제로 등장했다. 대부분의 천문학자는 현재의 상황은 일정 속력으로 팽창하거나 팽창 속력이 점차 느려져 언젠가는 안정된 크기에 이를 것으로 내다보았다.

그런데 몇몇 천문학자들이 우주의 아주 먼 곳에서 발생한 초신성의 빛

---

4 임피던스(impedance)란 파동의 입장에서 파동이 통과하는 매질이 얼마나 같고 얼마나 다른 물질인가를 구분하는 기준이다. 전자기 임피던스란 물질의 전기적 반응 정도를 결정하는 전기유전율과 자기적 반응 정도를 결정하는 자기투자율의 비로 결정되는 성질이다. 음향 임피던스란 물질이 얼마나 무거운가를 결정하는 밀도와 얼마나 줄어드는가를 결정하는 압축률의 비로써 결정되는 성질이다.

을 관측하다 보니 별의 색이 균일한 팽창이었을 때보다 희미하다는 것을 발견하였다. 기본적으로 도플러 효과로 확인한 것인데 우주가 가속팽창을 한다는 것을 알게 되었다. 두 연구 그룹에서 이를 관측했는데 같은 결과를 얻었고, 이를 관측한 두 팀에서 3명이 노벨 물리학상을 받았다.

3명의 수상자 중에서 호주 캔버라에 있는 호주국립대학의 브라이언 슈미트 교수는 약 6년 전 필자가 호주국립대학을 방문했을 때 만난 적이 있다. 담당교수의 허락을 받아 천문학 개론 강의를 한 학기 청강했는데 그 과목의 담당교수였다. 필자는 대학 시절에 천문학을 태양계에서 시작하여 점차 공간적으로 확장해가며 배웠는데, 이분은 우주의 탄생부터 시작하여 점차 시간적으로 확장해가며 가르쳤다. 나이는 젊지만 자부심이 굉장히 강한 사람이었다.(2014.03.26.)

우주가 팽창한다는 것은 다 아는 사실이다. 그러면 우주가 팽창한다면 그 우주의 일부인 원자도, 우리 몸도 팽창할까? 만일 원자가 팽창한다면 원자의 반지름을 외우는 등의 노력은 아무 의미가 없지 않을까?

우주가 팽창하는 것은 중력 때문인데 중력은 자연계의 네 가지 힘 중 가장 작은 힘으로서 전기력의 약 $1/10^{40}$에 해당한다. 중력과 전자기력이 함께 있으면 중력은 너무 작아 측정이 불가능하여 없는 것이나 마찬가지다. 원자는 전자기력과 이보다 더 강한 핵력이 지배하는 세상이다.

원자 내부는 중력이 거의 영향을 미치지 않는다. 따라서 '원자는 팽창하지 않는다.'가 답이다. 그보다 '팽창이 너무 적어 측정되지 않는다.'가 더 정확한 표현이지 않느냐고 물을 수 있으나 과학에서는 관측이나 측정이 되지 않는 것은 존재하지 않는 것으로 본다. 귀신이 존재하지 않는 이유와 동일하다. 결론적으로 원자들이 모여서 분자를 이루고, 분자들이 모여서 세포를 이루는 우리 몸이 팽창하는 것은 걱정할 필요가 없다는 뜻이다.

중력이 잡아당기는데 왜 우주가 팽창하느냐고 물을 수도 있다. 그것은 다음처럼 이해할 수 있다. 내가 돌을 하늘로 던지면 중력 때문에 다시 땅에 떨어진다. 하지만 엄청난 에너지를 가진 슈퍼맨이 던지면 돌은 땅에 떨어지지 않고 지구 중력을 뚫고 우주로 날아가 버린다. 결국 어디엔가 그런 에너지가 있다는 뜻이다.

3
진공의 구조

태양 뒤에 있는 별을 우리가 볼 수 있을까? 낮에는 밝은 햇빛 때문에 별이 안 보이고 밤에는 태양이 시야에 없기 때문에 역시 그 뒤의 별은 안 보인다. 그러면 일식이 일어난 경우에는 어떨까? 틀림없이 태양 뒤에 위치한 별이 마치 태양 옆에 있는 것처럼 보인다. 그 이유는 무엇일까?

공간에 질량이 놓이면 그 질량 주변의 공간이 휘어진다. 빛은 휘어진 공간을 따라 오기 때문에 태양 옆을 지나는 빛이 휘어진다. 따라서 태양 뒤에 위치한 별이 보이는 것이다. 그리고 빛이 위아래로 나뉘어 휘면 똑같은 별이나 은하가 쌍으로 두 개가 있는 것처럼 보이는데 이를 중력렌즈라 부른다.

그런데 왜 빛이 휘어진 공간을 따라 가는 것일까? 그 이유는 그 경로가 최단시간 이동거리이기 때문이다. 이것을 식으로 나타내면 다음과 같다. $L = \int nds$. 이를 광학 경로 길이(optical path length)라고 하는데 빛은 이 길이가 가장 짧은 경로를 택한다. 여기서 $n(x, y, z)$는 공간의 굴절률이며 ds는 $\sqrt{dx^2 + dy^2 + dz^2}$인 길이 요소다.

모든 물질은 에너지가 낮은 쪽으로 움직이려는 성질이 있는데 이유는 더 안정되기 때문이다. 손에 든 물건을 놓으면 아래로 떨어지는 이유도 아래가 위치 에너지가 더 낮기 때문이다. 씨름에서 서로 아래로 샅바를 잡으려는 이유도 무게중심이 낮을수록, 즉 아래로 들어가야 안정되기 때문이다. 빛은 최단시간에 가는 경로가 에너지가 가장 낮은데 그 경로가 휘어지는 경로인 것이다. 물속에 젓가락을 넣으면 젓가락이 휘어 보이는 것도 같은 이치다. 빛이 공기 중에서는 빠르나 물속에서는 느려지기 때문에 두 지점 사이를 빨리 가려면 공기 중을 조금 더 달리고 물속을 조금 적게 달려야 하기 때문이다.

그런데 질량이 큰 은하계 주변을 지나는 것이 아니라 아무것도 없는 곳을 지나는데도 빛이 휘는 경우가 있다. 현재의 이론으로는 큰 질량이 존재해야 휘어진다. 이 보이지 않는 미스터리한 질량 덩어리를 암흑물질(dark matter)이라고 이름 붙였다. 만일 그 아무것도 없는 곳에 우주선을 타고 가보면 암흑물질이 있을까? 전공하는 사람에게 물어 보니 우주는 어느 곳이나 같으며, 암흑물질의 원리는 심지어 원자 내부도 같을 것이라고 했다.

중력이 있으면 주변 공간이 어떻게 휘는 것일까? 필자는 중력파에 의하여 얇은 고무막 같은 공간이 휜다고 본다. 막이란 물에 돌멩이를 던지면 둥근 파문이 생겨 퍼져 나가는데 그런 파문이 쌓인 것을 말한다.

아인슈타인은 별과 별 사이가 스프링으로 연결된 탄성력 있는 물체라고 생각하고, 중력파의 파장이 충분히 길면 마치 얇은 막이 소리 압력에 의하여 휘는 것과 유사하다고 보았다. 따라서 공간은 종이처럼 접을 수도 있고, 둥글게 말 수도 있고, 구멍을 낼 수도 있고, 찢어 붙일 수도 있다고 보는 것이다. 시간은 여기에 연결되어 함께 움직인다.

물리학에서 가장 어려운 문제가 '시간이 무엇이냐?'와 '공간이 무엇이냐?'라고 한다. 이에 대한 답변이 곧 그 우주를 이해하는 문명의 수준이기 때문이다. 여러분의 상상력을 기다린다.

4

가장 짧은 길이와 가장 짧은 시간

우주에 존재하는 물질들 중 가장 짧은 길이는 얼마이며 또한 가장 짧은 시간은 얼마일까? 가장 가볍다는 전자의 반지름은 얼마일까? 전자의 반지름은 불행히도 아직 측정되지 않았다. 회전하는 전하들의 구름이라는 것 정도만 알 뿐 구체적인 모양이나 구조는 아직도 모른다. 최근의 연구는 전자의 반지름이 10^{-20} m보다 작을 것으로 추정하고 있을 뿐이다. 참고로 전자보다 약 2,000배 무거운 양성자의 반지름은 대략 1 fm = 10^{-15} m다.[5] 따라서 밀도는 전자가 양성자보다 크다.

우주에 존재할 수 있는 가장 작은 크기는 무엇일까? 여러 가지 정의가 있을 수 있으나 물리학의 상수를 조합해서 나오는 길이 중에 가장 작은 것을 l_p라 하면 다음과 같다.

$$l_p = \sqrt{\frac{\hbar G}{c^3}} \simeq 1.6 \times 10^{-35}\ \mathrm{m}.$$

c는 광속이고 G는 중력상수이며, $\hbar = h/2\pi$로서 각운동량의 단위인 플랑크 상수 h를 2π로 나눈 값이다.[6] 이 길이를 플랑크 길이라고 한다. 물체가 선운동을 하려면 선운동량을 가지고 있어야 하듯이 회전운동을 하려면

---

5 fm은 펨토미터.

6 기호에 빗금 작대기(bar)를 하면 2π로 나눈 값이라는 뜻이다. 예를 들면 $\lambda\!\!\!^{-} = \lambda/2\pi$다.

각운동량을 가지고 있어야 한다.

그러면 세상에서 가장 짧은 시간은 무엇일까? 가장 빠른 것이 빛이기 때문에 광속으로 플랑크 길이를 통과하는 데 걸리는 시간이 플랑크 시간 t_p로 현재까지 우주에 존재 가능한 시간으로 가장 짧은 것이다.

$$t_p = \frac{l_p}{c} \simeq 5.4 \times 10^{-44}\,\text{sec.}$$

물론 과학이 더 발달하면 더 짧은 길이와 더 짧은 시간이 나올지도 모르나 현재의 과학 수준으로는 우주에 존재 가능한 물질과 일어날 수 있는 사건 중에서 이보다 짧은 길이, 짧은 시간은 없다.

5

물질의 궁극

한때는 원자가 물질을 구성하는 마지막 단계인 줄 알았다. 그런데 실험기술이 발전하다 보니 그게 아니었다. 그 안에 양성자와 중성자, 중간자, 전자 등등이 계속 나온다. 이게 마지막인 줄 알았는데 그것도 아니다. 계속 새로운 입자들이 발견되고 마침내 쿼크(quark)라는 것도 나왔다.

쿼크는 1960년대에 겔만 등이 예측한 것이다. 1990년대 중반에 미국에서 아마존강 열대우림 보호운동을 하고 있던 겔만의 강연을 들은 적이 있는데, 쿼크의 존재를 제안할 당시 자기도 확신하지 못했다고 했다. 쿼크는 질량을 가진 입자다. 질량을 가진 입자로 존재한다는 것은 이미 끝이 아니라는 것이다. 우주에 처음부터 쿼크가 있었던 것이 아니라 무엇인가가 쿼크를 만들었을 테니까 그렇다.

물질은 입자이자 파동인데 극미세계로 갈수록 파동성이 강하게 나타난다. 질량은 에너지고 에너지는 진동수(주파수)에 비례한다. 결국 극미세계의 마지막으로 가면 진동하는 끈들만 남는다는 것인데 이것이 소위 끈이론(string theory)이다.

본래 우주는 아무것도 없는 대칭적 균형 상태였다는 것이다. 한 점에 무한대의 밀도가 모여 있는 것이 아니라 아무것도 없었다는 것이다. 이른바 무(無)의 세계다. 그러다 약 140억 년 전에 한 점에서 대칭이 깨지면서 거대한 양의 에너지와 거대한 음의 에너지가 생겨, 양의 에너지가 물질

(matter)을, 음의 에너지가 반물질(anti–matter)을 만들며 퍼져나갔다는 것이다.

에너지와 질량은 동일하다. 이것은 0의 세계가 양의 세계와 음의 세계로 나뉘었다는 뜻으로 물리학의 보존법칙들도 다 여기서 나왔다. 예를 들면 아무것도 없는 진공에 빛을 쬐면 전자(electron)와 전자의 반물질인 양전자(positron)가 튀어나오는 것과 유사하다.

이 균형이 깨진 것을 빅뱅(big bang)[7]이라고 하는데 다른 표현으로는 "Everything from nothing."이라고 한다. 왜 하필 140억 년 전에 그런 일이 발생했는지는 모른다. 진동이란 우주의 대칭성이 깨질 때 생긴 에너지의 다른 모습이고, 그 진동이 결국 입자라는 것이다. 탄생이 이러니 모든 물체는 입자성과 파동성을 함께 가질 수밖에 없다.

전자는 빛이라는 에너지를 방출하면 원자 내부에서 에너지가 낮은 안쪽 궤도로 이동하고, 빛을 받으면 에너지가 높은 바깥쪽 궤도로 이동한다. 특정한 양의 에너지만 출입이 가능하므로 특정 궤도만 돌 수 있다. 그 궤도의 길이는 반파장의 정수배다.

하지만 요즘 과학 관련 유튜브를 보면 현재 우리가 알고 있는, 20세기 초에 나온 상대성 이론 등을 기반으로 하는 우주 상식이 모두 틀렸을 가능성도 제시하고 있다. 지금은 새로운 우주론의 탄생을 위한 폭풍전야라는 것이다. 학문에서 영원한 진리란 힘든 것이다. 학문을 하는 사람은 자연과 시간 앞에서 겸손해야 한다.

---

7 빅뱅이라는 말도 본래 우주가 한 점에서 폭발했다는 이 학설을 놀리려고 만든 용어였다고 한다.

6

계산기를 사용하지 않고 근삿값 다루기

사람의 길이와 질량

모델링할 때는 가장 쉽고 간단한 값을 취하는데, 사람은 길이는 1 m로, 질량은 100 kg으로 근사하여 다룬다.

마하와 음속

마하 3이 대략 초속 1 km다. 지구 중력의 탈출속력은 초속 11.2 km이나 약 초속 10 km, 즉 마하 30으로 본다. 또한 이 속력은 현재의 우주선 속력으로 근사한다. 지구가 태양을 공전하는 속력은 초속 30 km로 본다.

상온의 온도

상온(常溫)이란 'room temperature'를 번역한 말로서 실내온도는 대략 23 ℃ 정도다. 그러면 절대온도로는 23 + 273 = 296 K다. 하지만 상온을 절대온도 296 K라 하지 않는다. 이런 것은 그냥 300 K로 다룬다. 열역학 법칙에서 다루는 모든 온도는 절대온도다.

원자의 크기

수소 원자의 평균 반지름이 0.053 nm(나노미터)이므로 원자의 크기는 지름의 대략 크기인 0.1 nm로 다룬다. 대략 크기 1 nm 이하가 극미세계를 다루는 학문인 양자역학의 범위다. 나노과학이란 양자역학을 사용하여 기술하는 과학이라고 보아도 된다.

전자의 개수

1초에 1쿨롬(C, Coulomb)의 전하가 도선을 통과할 때 1암페어의 전류가 흐른다고 한다. 그러면 1암페어가 흐르려면 1초에 전자가 몇 개 통과해야 할까?

전자의 전하량은 1.6×10^{-19} C이다. 그러면 전자의 개수는 이의 역수이므로 $1/(1.6 \times 10^{-19}) = 6.25 \times 10^{18}$개다. 하지만 이렇게 복잡하게 하지 않는다. 5보다 작은 것은 1로, 5부터 그보다 큰 것은 10으로 취급한다. 따라서 앞의 경우는 그냥 $1/10^{-19} = 10^{19}$개가 되는 것이다. 1/1.6을 계산하는 일이 있어서는 안 될 것이다.

전자의 질량

전자의 질량은 약 9.1×10^{-31} kg인데 노벨 물리학상 수상자도 기억하지 못한다. 대신 다르게 기억한다. 정지질량에 광속의 제곱을 곱한 것을 정지 에너지라 하는데, 정지질량이라고 한 이유는 질량이란 속력이 빨라지면 커지기 때문이다. 따라서 다음이 물질의 정지 에너지다. $E = m_0c^2$. m_0은 정지질량이고 c는 광속이다. 운동 에너지란 이동 에너지에서 정지 에너지를 뺀 값으로 다음과 같다.

$$K = mc^2 - m_0c^2 = \frac{m_0}{\sqrt{1 - c^2/v^2}}\,c^2 - m_0c^2 = \frac{1}{2}m_0v^2 + \frac{3}{8}m_0\frac{v^4}{c^2} + \cdots.$$ [8]

질량을 물으면 정지 에너지로 답하게 된다. 또한 값이 아주 작으면 에너지 단위인 줄(Joule)이 아니라 전자볼트(eV)로 답한다. 1 eV = 1.6×10^{-19}

8 일반적으로 광속에 가깝게 움직이는 경우를 제외하고는 계수가 3/8인 두 번째 항부터는 아주 작으므로 무시한다.

Joule이다. 따라서 전자의 질량은 $E_e = m_e c^2 = 0.51$ MeV(메브)로서 전자의 질량을 물으면 "0.51 MeV입니다."라고 하면 된다. '메브'란 '메가전자볼트'라는 뜻이다.

전자는 이른바 기본 입자라고 하여 내부에 구조가 없기 때문에 둘로 자를 수 없다고 알려져 있다. 물론 현재까지의 과학지식으로 그렇다는 것이다. 하지만 100년 후에는 또 어떻게 될지 아무도 모른다. 과학이란 불가능하다고 생각되어 왔던 것을 꾸준히 가능하게 해왔기 때문이다.

양성자와 중성자의 질량

양성자와 중성자의 질량을 재 보니 둘 다 전자보다 약 2,000배 무겁다. 따라서 "1,000 MeV입니다."라고 답하면 된다. 만일 "둘 중에 어느 쪽이 얼마나 더 무겁습니까?"라고 물으면 다음과 같다.

정확히는 양성자는 $m_p c^2 = 938.272$ MeV이고, 중성자는 $m_n c^2 = 939.565$ MeV로 중성자가 0.3 MeV 더 무거운데 전자질량보다 약간 더 작다. 따라서 "중성자와 양성자는 둘 다 질량이 약 940 MeV인데 중성자가 양성자보다 전자질량 정도 극미하게 무겁습니다."라고 하면 된다.

만일 중성자와 양성자의 질량이 같았다면 어떤 일이 생겼을까? 잉여 양성자가 수소 원자를 만들고, 이것들이 점차 결합하여 백여 가지의 원소를 만들었는데 그것이 우주다. 그런데 둘의 질량이 같으면 둘이 결합하여 남는 양성자가 없었을 것이니, 수소도 없고, 따라서 우주도 없었을 것이다.

7

원자는 고체일까?

원자가 고체냐고 묻는다면 아주 이상하게 생각할 것이다. 원자는 당연히 고체이기 때문이다. 그것도 아주 단단한 고체다. 원자폭탄은 이 원자의 핵이 연쇄적으로 깨지면서 내는 에너지를 이용하는 것이다. 따라서 원자는 누구나 당연히 고체라고 생각한다.

원자는 가운데의 핵과 가장자리의 전자들로 구성되어 있다. 그런데 이들이 차지하는 비율은 원자 내부에서 아주 극소수에 불과하고 나머지 대부분은 진공, 즉 빈 공간이다. 원자번호란 원자핵의 양성자 개수로 정의된다. 예를 들면 핵의 양성자가 80개면 수은이 되고, 수은 핵에 중성자 빔을 쏘아 한 개를 제거하면 79번인 금이 된다.

원자의 반지름이란 핵 주변을 움직이는 전자들의 활동영역이다. 따라서 전자가 핵에 강하게 결합되면 반지름이 작고, 약하게 결합되면 반지름이 크다. 반지름이 큰 원자들은 맨 외곽에 전자 한 개가 돌고 있는, 주기율표상의 1족의, 물에 녹으면 알칼리 성분을 띠는 금속 알칼리 원자들이다. 반면에 반지름이 작은 원자들은 외곽에 혼자 도는 전자가 없는 주기율표상의 18족의 불활성(不活性) 기체 원자들이다.

전자는 표범과 성질이 비슷하다. 표범은 같은 영역에 암수가 함께 있는 경우를 제외하고는 두 마리가 함께 있지 못한다. 새끼도 크면 다른 영역으로 쫓아 버린다. 표범의 숫자가 많아지면 표범 전체의 활동영역도 커지듯이, 전자 역시 같은 족에서는 개수가 많을수록 원자 반지름이 커진다.

교실에서 수소 원자 모형을 그릴 때 지름 10 cm 정도 되는 원형 핵을 그리고 다시 지름 50 cm 정도 되는 원을 그린 후 여기에 전자를 그린다. 핵 주변을 이렇게 전자가 돌고 있다는 뜻이다. 그러면 실제는 어떨까? 전자가 있을 가능성이 가장 높은 반지름 위치는 핵 반지름의 약 10만 배다. 따라서 만일 칠판에 핵 반지름을 5 cm로 그린다면 전자는 5 km 밖에 있다.[9] 그 사이는 모두 진공이다. 따라서 원자 속에서 물질인 핵과 전자가 차지하는 부피는 $1/10^{15}$로 거의 없는 것이나 같다. 하지만 핵과 전자 사이를 물질이 아니라 전기자기력이라는 힘이 채우고 있고 우리는 그 힘을 고체라고 인식한다.

한마디로 원자는 대부분이 진공으로 구성되어 있는 기체다. 전자구름이 차지하는 비율은 무시할 만한 정도다. 실제로 전자의 운동을 양자역학적으로 다룰 때도 점으로 본다. 하지만 이렇게 구성된 원자는 기체가 아니고 형체가 있는 고체다. 은하계의 평균 밀도는 대략 1 cm^3당 수소 원자 세 개로 추정되기 때문에 거의 진공이다. 우리는 별들의 운동을 기체로 보고 점으로 다룬다. 은하계에서 별이 차지하는 부피는 아주 극소량이다. 은하계는 기체로 구성되어 있다.

그러면 다시 생각해 본다. 10^{11}개의 별로 이루어진 은하계는 정말로 기체일까? 우리는 기체로 보고 우리가 아는 뉴턴의 중력식으로 은하계 내부의 암흑물질의 존재를 예견한다. 원자 내부에도 암흑물질이 있을까? 우리의 이해가 정확하기 때문에 원자 내부에 암흑물질이 없다고 본다. 원자가 기체가 아니듯 은하계는 기체가 아니라고 본다. 원자가 고체와 비슷하다면 은하계는 점성을 가진 액체와 비슷하다고 본다.

---

9 이 비율은 태양계에서 태양과 8개의 행성이 차지하는 범위의 비율과 비슷하다.

8

블랙홀

기자: 왜 하필 블랙홀이라고 부릅니까?

천문학자: 뭐가 뭔지 머릿속이 깜깜하기 때문입니다.

기자: 화이트홀은 또 왜 화이트입니까?

천문학자: 뭐가 뭔지 머릿속이 새하얗게 되기 때문입니다.

우리가 로켓을 쏘아 지구 밖으로 여행하려면 지구 중력을 벗어나야 하는데 지구에서는 적어도 초속 11.2 km 정도의 속력이 필요하다. 발사 방향은 하늘이면 어디든 상관없다. 지구 궤도에 올리는 인공위성은 지구 궤도에 잡혀야 하므로 속력이 이보다 조금 작다. 초속 11.2 km의 이 속력을 지구 탈출속력이라 하는데 다음처럼 구한다. 서로 붙들어 구속된 물체는 운동 에너지와 위치 에너지를 더한 값이 0보다 작다. 따라서 이 값이 0보다 크거나 같으면 두 물체가 분리된다.

$$\frac{1}{2}mv^2{}_{esp} - G\frac{Mm}{R} = 0. \qquad \therefore\ v_{esp} = \sqrt{\frac{2GM}{\mathrm{R}}}.$$

m은 탈출하고자 하는 물체의 질량, M은 별의 질량이고, R는 별의 반지름이다. 따라서 별의 반지름이 작을수록, 그리고 질량이 클수록 탈출에 필요한 속력이 크다. 질량은 부피에 비례하고 부피는 반지름의 세제곱에 비례하므로, 밀도가 같으면 반지름이 큰 별이 탈출속력도 크다. 중력이 지구

보다 작은 달은 지구보다 탈출속력도 작다. 원자의 경우도 유사하여 전자 하나를 핵으로부터 떼어 낼 때 에너지가 필요하며 이런 에너지를 이온화 에너지라고 한다.

별이 진화의 마지막 단계에서 중력으로 수축하여 초고밀도가 되는 경우 그 탈출속력이 우주에서 가장 빠른 빛보다 클 수 있다. 그러면 무엇이 그 별로부터 탈출할 수 있을까? 아무것도 못 나온다. 블랙홀 주변에서 어느 정도 가까이 가면 절대로 못 탈출하고 끌려가는데 그 경계점을 '사상의 지평선(event of horizon)'이라고 한다. 따라서 빛이 안 나오니 우주에서 보면 검은색으로 보이고 물체를 빨아들일 뿐이므로 마치 우주에 검은 구멍이 나 있는 것처럼 보일 것이다.[10]

블랙홀로 들어간 물체는 절대로 나올 수 없을까? 이는 맞지만 동시에 틀리다. 자체로는 나오지는 못하지만 다른 형태의 에너지로 바뀌어 나오기 때문이다. 온도를 가진 모든 물체는 에너지를 전자기파의 형태로 내보내는데 이를 복사(radiation)라고 한다. 어떤 물체든 받기만 하고 주지 않으면 유지될 수 없다. 받는 만큼 내보내야, 즉 순환이 이루어져야 균형이 이루어지고, 그래야 정상적으로 생존한다. 그런 면에서 블랙홀은 우주의 물질을 재배열하는 존재로 우주의 재생공장이자 어머니다.

블랙홀은 물질만 빠져나올 수 없는 것이 아니라 시간도 빠져나올 수 없다. 시간이 빠져나올 수 없다는 말은 시간이 흐르지 못하고 정지한다는 뜻이다. 공간과 마찬가지로 블랙홀에 들어간 물체는 절대로 시간이 흐를 수 없을까? 블랙홀에서 빠져나올 수 있으면 타임머신이 된다. 우주선으로 블랙홀에 들어간 후 1억 년 후에 나오면, 블랙홀 내에서는 시간이 흐르지 않

10 블랙홀 속이 가득 찼는지 아닌지에 대해서는 논란이 많다. 꼭 속이 차야 무겁다는 것은 편견이다.

았으므로 우주인들에게는 순식간이나 블랙홀 밖에서는 1억 년 후의 미래로 가는 것이다. 현재의 물리법칙으로는 엔트로피[11]가 감소할 수 없기 때문에 타임머신은 미래로만 가능하다.

블랙홀은 별의 진화 중 마지막 단계에서 에너지를 다 쓰고 수축하여 만들어진다. 만일 태양을 지름 3 km의 초고밀도 물질로 압축할 수 있다면 빛도 빠져나오지 못하는 블랙홀이 된다. 블랙홀을 최초로 예언한 사람은 존 미첼이라는 18세기 영국의 목사였다고 한다. 그는 뉴턴의 역학을 공부하다가 중력이 아주 강하면 빛이 탈출할 수 없을 것이라고 생각했고, 그 밀도를 계산해 보았다. 하지만 현실성이 없다고 보고 이론적으로만 존재하는 것으로 생각했다.

블랙홀에 대한 가장 오래된 기록은 BC 5세기경 그리스 피타고라스학파의 일원인 필롤라우스(Philolaus)가 지구와 태양과 별들이 '보이지 않는 중심의 불' 주위를 돈다고 가르쳤다고 하는데 대단히 정확한 표현이다. 그렇게 보면 과학은 2,500년 동안 별로 발전한 것이 없어 보인다.

블랙홀은 이후 백조자리에서 발견되었다. 망원경으로는 안 보이는데 X선을 내는 이상한 별이 있었던 것이다. 망원경으로 안 보이는데 어떻게 찾을까? 이것은 운동으로 찾는다. 만일 두 개의 별이 가까이 있으면 서로에게 중력으로 영향을 미친다. 주변에 아무것도 없는 별이 상식을 벗어난 운동을 하면 주변에 안 보이는 어떤 별이 존재하는 것이다. 그 상대적인 운동으로부터 블랙홀의 밀도를 포함하여 모든 것을 예측한다.

---

11 흔히 '무질서도'라고 하는데 무질서해질수록 엔트로피가 크기 때문이다. 수학에서는 경우의 수에 로그를 취한 값이고, 물리학에서는 여기에 다시 볼츠만 상수를 곱한 값이다. 예를 들어 동일한 동전 2개를 공중으로 던질 때, 둘 다 앞이 나올 경우는 1가지다. 따라서 엔트로피는 $\log 1 = 0$으로 무질서가 없으므로 완전한 질서다. 하나는 앞이, 다른 하나는 뒤가 나올 경우는 2가지이므로 엔트로피는 $\log 2$다.

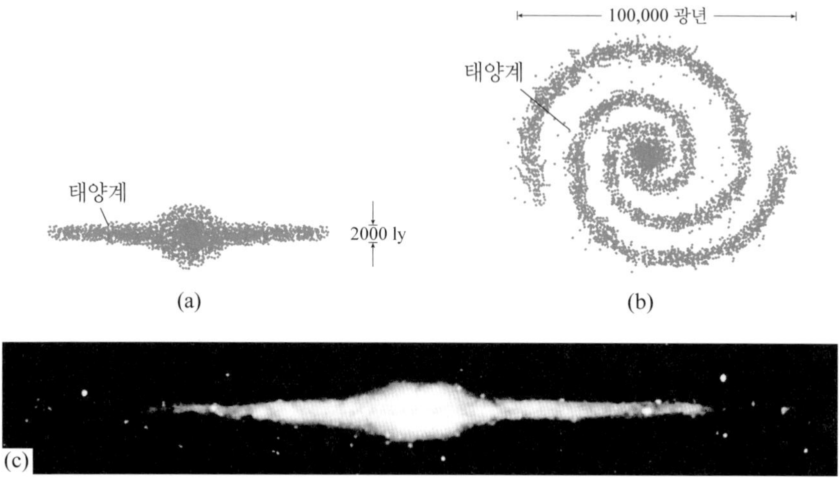

[그림] 1,000억 개의 별이 있는 은하계 단면 추정도. 중앙에 거대한 블랙홀이 있고, 반지름이 약 5만 광년인데, 태양계는 중앙에서 2만 8,000광년 지점에 위치한다.

블랙홀은 검은색이어야 하는데 은하들을 망원경으로 보면 중심이 아주 밝다. 그 이유는 블랙홀 주변에 형성된 원반 물질이 점성에 의해 뜨거워지고 각운동량을 잃어가면서 안쪽으로 서서히 밀려갈 때 열에너지를 내기 때문이라고 한다.

우리 태양계가 공전하는 은하계의 구조는 [그림]과 같은데 중심에 태양 질량의 400만 배에 이르는 거대한 블랙홀이 있다고 믿어진다. 우리 은하계 외에 모든 은하계 중심에는 블랙홀이 있다고 보고 있다. 행성계가 모항성에 의해 유지되듯이 은하들이란 모블랙홀에 의해 유지되는 집단들이라는 뜻이다. 행성계가 항성의 형성으로부터 만들어지듯 은하계는 거대한 블랙홀의 형성으로 만들어진다는 뜻이다. 항성계가 단성계, 양성계, 삼성계 등으로 이루어지듯 블랙홀도 단홀, 쌍홀, 삼홀 등으로 이루어졌다. 그리고 최근에 블랙홀의 쌍홀이 충돌했을 때 발생한 중력파가 2015년 11월에 최초로 검출되었다고 2016년 2월에 보고되었다.[12]

중력파란 질량 사이에 작용하는 힘의 원천이 되는 파동이다. 질량을 가진 두 물체가 있으면 둘 사이에 서로 당기는 힘이 발생하는데, 아인슈타인에 의하면 한쪽에서 나온 중력파가 광속으로 다른 쪽에 전달되기 때문이다. 전하를 가진 물질을 흔들면 전자기파가 발생하듯이, 질량을 가진 물질을 흔들면 중력파가 발생하는 것은 당연하다고 생각되지만, 세기가 극히 약하고 항상 잡음에 묻혀 있어서 존재를 검출하기가 굉장히 어려웠다.

중력파 검출에 가장 큰 기여를 한 사람은 뉴턴의 이론과 아인슈타인의 이론을 연결하여 중력파 검출 가능성을 제시한 펠릭스 피라니라는 영국의 물리학자로 2015년 12월 31일에 사망했다. 이후 중력파 검출장치를 고안한 사람이 영화 〈인터스텔라〉의 자문을 맡은 캘리포니아 공과대학의 킵 손(Kip S. Thorne, 1940년생) 교수다. 전자기파를 통신에 사용하듯 언젠가는 중력파도 통신에 사용하는 날이 오지 않을까?

---

12 1990년대부터 실험을 시작하여 20년 만에 중력파를 검출하였다. 10년 이내 노벨상 수상이 유력하다.

9

은하계 공전 속력과 암흑 물질

현재 천문학계에서 가장 큰 문제가 무엇이냐고 묻는다면 대부분 암흑물질과 암흑에너지라고 할 것이다. 인간이 가진 과학적 지식으로는 망원경으로 보이는 별들을 비롯한 우리가 아는 물체만으로 우주의 운동을 설명할 수 없다는 것이다. 눈에 안 보이는 물체가 있거나, 아니면 우리의 지식이 틀렸거나 둘 중 하나다. 이것은 우주의 기원 및 구조를 이해하는 데 반드시 건너야 하는 다리와 같다.

지구에서 눈에 보이는 크기(길이가 가시광선 파장보다 큰 것) 이상의 물질들 중에 가장 빠른 것은 무엇일까? 총알일까? 기관총 총알은 초속 1 km 정도로 음속의 약 3배다. 이 속력을 마하(Mach) 3이라 한다. 아니면 우주선일까? 로켓을 지구 궤도에 올리려면 초속 10 km 정도의 속력이 필요하다. 즉, 마하 30이다. 더 빠른 것은 없을까? 있다. 지구 그 자체다. 지구가 태양을 공전하는 속력은 초속 30 km 정도로 마하 90이다. 우주선이 행성들 공전 속력보다 늦기 때문에 다른 행성에 가려면 미리 올 곳을 계산하여 그 지점에서 만나야 한다.

고등학교 물리를 배운 사람이면 지구의 태양 공전 속력은 간단히 계산할 수 있다. 태양과 지구의 질량만 고려하고 나머지 영향을 모두 무시하면, 진공 속을 움직이는 지구의 공전 속력은 태양의 질량(M)의 제곱근에 비례하고, 공전 반지름(r)의 제곱근에 반비례한다.

$$v \propto \sqrt{\frac{M}{r}}$$

즉, 태양의 질량이 4배가 되면 우리가 태양을 도는 속력이 2배가 된다. 마찬가지로 태양의 질량은 그대로 두고 공전 반지름이 4배로 커지면 공전 속력은 1/2로 줄어든다.

여기서 지구의 질량은 무관하다. 따라서 지구 궤도 안쪽을 도는 수성이나 금성은 지구보다 공전 속력이 빠르고, 바깥쪽을 도는 화성이나 목성은 공전 속력이 지구보다 느리다. 태양계만 보면 태양 외곽에 있는 물질들일수록 천천히 공전한다.

이 계산이 실험적으로 거의 맞는다는 것으로부터, 지구가 태양을 공전하는 데 있어서 태양 질량의 영향이 거의 절대적이고 나머지 행성들이나 위성들의 영향은 미미하다는 것을 알 수 있다. 지구의 공전 속력이 초속 약 30 km이므로 태양계에서는 행성의 공전 속력만 알면 태양으로부터 행성까지의 거리를 자연스럽게 알 수 있다. 이것은 태양계에서만 맞는 것이 아니다. 대부분의 별은 태양처럼 행성을 가지고 있어 이를 외계 행성(exo−planet)이라고 하는데 외계 행성들의 움직임도 동일하다.

이것은 물에서 보이는 소용돌이 모델로 설명할 수 있다. 세면대에 물을 가득 채운 후 톱밥을 띄운다. 그리고 배수구 마개를 빼면 배수구 구멍 부근의 톱밥은 빠르게 회전하며 빠져나가는 데 비하여 가장자리의 톱밥들은 천천히 돈다. 태양의 질량이 클수록 배수구 구멍이 크다고 생각하면 된다.

여기까지 하나도 이상한 것이 없다. 그러면 이제 이를 확장한 스케일에서 보자. 바로 우리 은하계다. 은하계 중심에는 질량이 태양의 약 400만 배에 이르는 거대한 블랙홀이 있다고 추정된다. 태양계의 태양 역할을 은하계에서는 그 블랙홀이 하는 것이다. 그리고 우리 태양계는, 반지름 약 5만 광년의 은하계에서 중심으로부터 약 3만 광년 정도 떨어진 지점을 공전하고 있다. 그리고 그 공전 속력이 초속 약 220 km다.

그러면 이제 묻는다. 은하계에서 태양보다 안쪽 궤도를 공전하는 항성계는 태양보다 빨리 돌 것이고 태양보다 바깥쪽 궤도를 공전하는 항성계는 태양보다 늦게 돌 것이다. 이게 맞을까? 아니다! 실제로 측정해 보니 2만 광년 떨어져 있든, 4만 광년 떨어져 있든, 거리에 상관없이 공전 속력이 모두 비슷했다. 우리 은하계만 그런 것이 아니고 다른 은하계도 모두 마찬가지로 중심에서 얼마 떨어져 있든지 상관없이 공전 속력이 은하계마다 거의 일정했다. 이상하지 않나? 자, 그러면 무엇이 잘못된 것일까? 우리의 은하계에 대한 이해에 문제가 있는 것은 아닐까?

10

남극과 북극의 자리 바뀜

오늘날 북쪽에는 (거대한 S극 자석이 묻혀 있는) 북극이 있고, 남쪽에는 (거대한 N극 자석이 묻혀 있는) 남극이 있다. 그러면 지구가 탄생하고 지금까지 항상 북극은 북쪽에 있고, 남극은 남쪽에 있었을까?

태양으로부터 수많은 미립자들이 지구를 향해 날아오는데 대부분이 전하를 띠고 있다. 이 미립자들이 지구 표면에 쏟아지면 표면에서 생명체가 살기 어렵다. 그런데 지구가 자석이라서 강력한 자력으로 미립자들을 몰아내는 방패 역할을 한다. 이것이 소위 자기방패라 불리는 것으로서 지구상의 생명체를 태양풍으로부터 보호하는 것이다. 따라서 우주의 행성들을 연구할 때 자력을 띠지 않으면 생명의 존재 가능성을 크게 낮추어 본다. 존재하더라도 지하생명체에 국한될 것으로 본다.

용암이 식어 돌이 되기 직전에, 즉 아직 액체의 용융 상태에 있을 때는 돌 속의 자석 성분이 지구 자기장의 영향을 받아 움직여 한쪽 방향을 가리키게 된다. 그리고 굳어서 돌이 되면 당시의 북극과 남극 위치를 알려 준다. 그런데 지질학자들이 암석을 조사해 보니 수십만 년(30만~70만 년)마다 한 번씩 지구의 북극과 남극이 바뀐다는 것을 알게 되었다. 이를 '지(구)자기 역전'이라고 한다. 인간이 아직도 번성하는 것을 보면 지구의 극이 바뀐다고 무슨 큰일이 일어나는 것 같지는 않다. 그러면 왜 극이 바뀔까?

지구 자기의 원인은 전하를 띤 물질들이 움직이기 때문이다. 지구의 외핵이 액체 상태라서 액체가 회전하므로 지구가 북극과 남극을 가진 자석이 된다. 어느 행성이건 위성이건 자성을 가진다는 것은 내부에 굳지 않은 액체나 기체 부분이 있어서 움직이기 때문이다. 지구 외에 대표적인 것이 목성이다. 목성은 강력한 자기장을 가지고 있다. 참고로 화성은 초창기에는 상당히 강력한 자기장을 가지고 있었으나 어떤 일로 인하여 핵이 굳어 버려 이후 미미한 자기장만 가지고 있다.

지구의 극이 바뀐다는 것은 외핵의 액체가 회전하는 방향이 반대로 바뀐다는 뜻이다. 왜 그 방향이 수십만 년마다 바뀌는지는 아직도 모른다. 하지만 바뀌는 것이 오히려 지구를 안정시킨다고 본다.

우리가 궁금한 것은 그 바뀌는 순간에 어떤 일들이 일어나는가다. 무엇보다 수많은 전기 제품들이 일대 혼란을 겪을 것이다. 지구의 극을 따라 움직이는 동식물들도 혼란을 겪기는 마찬가지일 것이다. 그런데 지구의 남극과 북극이 일시에 바뀌는 것이 아니고 지구 각 부분이 조금씩 바뀐 것이 누적되어 전체적으로 바뀔 것이라 한다. 그리고 그 과정에서 극점(나침판의 극점)의 위치가 심하게 흔들릴 것이라 한다.

최근 연구에 따르면, 북극은 남쪽으로, 남극은 북쪽으로 각각 1년에 약 70 km씩 이동하는 것으로 나타났다. 그리고 이 현상은 점점 빨라진다고 한다. 수십 년 전만 하더라도 1년에 50 km를 이동했다고 한다. 이를 지자기 역전의 시작으로 생각하는 학자들도 있다.

지구상의 생명체는 자연환경이 급격히 바뀌면 대혼란을 겪지만 천천히 바뀌면 다 적응해 왔다. 다음에 올 지자기 역전에도 다소간의 혼란은 있겠지만 역시 적응하여 극복할 것이다. 지도를 새로 인쇄하고 남위와 북위를 바꾸는 등 오히려 지도산업이 획기적으로 발전할지도 모르겠다.

11

운석 쉽게 찾는 법

2014년 3월, 경남 진주 부근에 운석이 떨어져 한창 뉴스가 된 일이 있었다. 가격이 얼마다 하니 일확천금을 노리고 운석 사냥꾼들이 몰려든 것이다. 운석은 21세기의 노다지였다! 그런 방법 말고 쉽게 운석을 찾는 방법은 없을까?

남극은 수만 년 된 빙하로 덮여 있다. 하얀 빙원에 눈도 별로 안 오고 날씨가 거의 일정하게 춥다. 따라서 그 빙원에 떨어져 있는 돌은, 어디서 바람에 날려 올 가능성도, 물에 씻겨 왔을 가능성도 없으므로 하늘에서 떨어진 운석일 가능성이 크다. 흰 벌판에 검정색 돌이므로 눈에 잘 띄어 찾기도 쉽다. 나이를 측정해 보아 수십억 년 이상 되었다면 거의 틀림없다.

간혹 운석 중에는 달에서 온 것도 있을 수 있다. 달에 거대한 운석이 떨어지면 달의 표면이 깨져 파편들이 우주로 날아가는데, 그중에 지구 중력에 잡혀 지구로 오는 것도 가능하다는 뜻이다. 특히 성분을 분석해 보아 달 표면과 비슷하면 달 운석일 가능성이 있다.

화성도 마찬가지다. 남극 빙원에 떨어진 돌을 발견했는데 나이가 수십억 년이고 구성 성분이 화성과 유사하다면 화성에서 날아온 운석일 가능성이 있다는 뜻이다. 그러면 목성은 어떨까? 목성은 표면이 암석이 아니라 가스이기 때문에 불가능하다. 단 목성의 큰 위성들은 가능하다.

과거 남극에서 발견된, 화성에서 온 것으로 추정되는 운석에서 [그림]

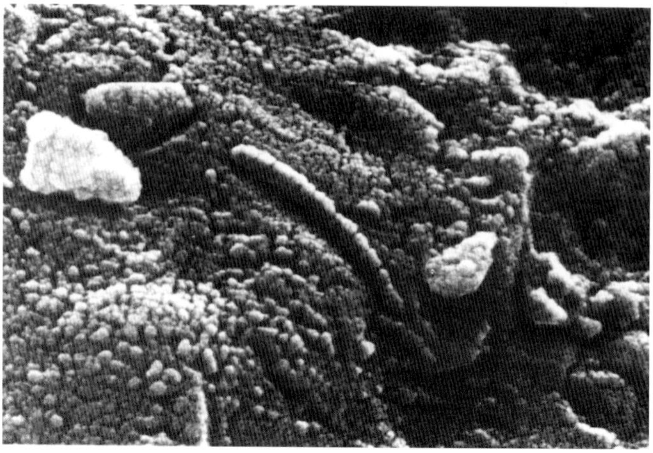

[그림] 남극 대륙에서 발견된 화성 운석의 확대 영상. 중앙에 보이는 비스듬한 긴 막대기 같은 물체가 생명체의 화석일까? 아직 규명되지 않았다.

과 같은 박테리아와 비슷한 생명체의 흔적이 발견된 적이 있다. 이를 화성 운석이라고 본 이유는 그 운석에 있던 유리 성분을 녹여 보니 함유한 기체 성분이 화성의 대기 성분과 같았기 때문이다.

이 반대의 경우, 즉 지구 파편이 우주로 날아가는 일도 일어날 수 있다. 6,500만 년 전에 멕시코 유카탄 반도에 떨어져 공룡을 멸망시킨 운석은 지구 표면을 산산조각 내 수많은 지구 암석이 우주로 뿌려졌다. 그중의 일부는 화성으로 날아갔을 가능성도 있다. 최근의 연구에 의하면 화성과 동일한 대기 및 환경 조성을 만든 후에 지구 박테리아를 넣으니 일부는 죽지 않고 생존했다고 한다.

영하 270 ℃에 공기도 없는 우주 공간을 날아가는데, 또 우주선을 타고 가는 것도 아닌데 어떻게 생명체가 존재할 수 있느냐고 의문을 갖는 것은 당연하다. 그런데 암석 자체가 박테리아에게는 거대한 우주선이다. 그 내부에서 충분히 생존할 수 있다.(2014.07.07.)

12

대기압과 코끼리 두 마리

압력이란 단위 면적당 힘, 즉 $P = F/A$로 주어진다. 그리고 기압의 표준 단위는 파스칼(Pascal, Pa = N/m^2)이다. 파스칼의 원리를 발견한 프랑스의 철학자이자 과학자인 파스칼을 기념하며 만든 단위다. 그런데 1파스칼의 압력은 얼마나 될까?

가로세로 각 1 m의 아주 가벼운 판 위에 1 kg의 질량을 올려놓았을 때 판 아래의 바닥이 받는 압력이 약 10파스칼이다. 해수면에서 받는 공기압을 1기압[13]이라고 하는데 약 10만 파스칼이다. 같은 판 위에 1만 kg의 질량을 올려야 한다. 코끼리 한 마리의 질량이 약 5,000 kg이므로 코끼리 두 마리의 질량에 해당한다. 상당한 압력이다.

지구 표면의 생물체는 지구 중력은 물론이고 이런 거대한 공기의 압력을 버티며 살고 있다. 즉, 신체 구조가 이런 기압에 적응되어 있다. 그런데 이 정도 공기가 있어야 영하 270 ℃의 우주 공간의 추위로부터 지구 표면을 보호해 줄 수 있는 것이다. 하늘로 높이 올라갈수록 압력은 낮아지고, 물속과 땅속으로 깊이 들어갈수록 압력은 높아진다. 우주로 나가면 0기압이고, 지구 중심부는 약 300만 기압으로 추정된다.

그런데 10만 파스칼은 숫자가 너무 커서 생활에는 불편하다. 그래서

---

13 1 atm = atmospheric pressure = 대기압.

자동차 공업사를 가 보면 타이어에 영미 단위인 PSI(Pounds per Square Inch)를 쓴다. 1 PSI는 약 7,000파스칼로, 1기압은 약 15 PSI다. 자동차 타이어에는 대략 30 PSI의 공기를 넣으므로 2기압인 셈이다.

등산가들이 산을 오를 때 고도계를 차고 올라가는데 이것이 압력계다. 잠수부가 물속으로 들어갈 때도 수심계를 차고 들어가는데 이것도 압력계다.[14] 물속으로는 10 m 들어갈 때마다 약 1기압이 증가한다. 따라서 태평양 평균 수심인 4,000 m에 이르면 약 400기압이다.

화성은 공기가 희박하여 대기압이 지구의 약 1/100[15]이고 금성은 반대로 짙어 지구의 약 100배다. 대부분의 위성은 지구보다 대기가 희박한데 토성의 가장 큰 위성이자 태양계에서 두 번째로 큰 위성인 타이탄은 질소 위성으로 지구의 약 1.5배다.

물속 1,000 m 깊이에서 수영이 가능할까? 가능하다. 인간의 몸이 주로 물로 구성되어 있기 때문이다. 마치 뚜껑을 닫은 맥주병은 심해에서 터지는데 뚜껑을 연 맥주병은 터지지 않는 것과 유사하다. 그런데 수영하다 물 위로 쉽게 나오지를 못한다. 물 위로 나오면 몸속의 공기 방울이 팽창하여 혈관을 막기 때문이다. 이를 잠수병이라 하는데 이를 피하려면 아주 천천히 올라와 몸속의 공기 방울이 서서히 빠져나가도록 해야 한다. 또는 물 위에 감압통을 설치하여 그 안에 머물면 이 효과를 볼 수 있다.

공기 중 소리의 속력은 상온[16]에서 대략 340 m/sec이며 온도가 올라가면 빨라진다. 모든 기계파의 속력은 다음 식처럼 기본적으로 밀도와 탄성률의 함수다. $v = \sqrt{B/\rho}$. B는 탄성률로 외부 압력에 저항하는 능력이다.[17]

---

14 요즘은 전자식을 쓴다.

15 정확히는 0.6 %.

16 room temperature.

17 탄성률의 역수를 압축률이라고 하는데, 스프링은 압축률은 크나 탄성률은 작은 물질이다.

공기 중에서는 비열 계수에 대기압을 곱한 값이다. 비열 계수는 기체 성분의 분자 구조에 의해 결정되며 지구 대기의 주성분인 질소 분자와 산소 분자는 아령형 분자로 1.4다.[18] 대기압은 1기압인 10^5파스칼이고, 1기압에서 공기의 밀도는 물의 약 1/800로 1.25 kg/m^{3}다. 따라서 이를 속력 식에 넣으면 다음과 같다.

$$v = \sqrt{\frac{1.4 \times 10^5\ \mathrm{Pa}}{1.25\ \mathrm{kg/m^3}}} = \sqrt{\frac{14}{1.25}}100\ \mathrm{m/sec} = 335\ \mathrm{m/sec}.$$

음속은 온도가 높을수록 큰데 온도 의존성을 넣지 않아도 실제 측정치와 비슷한 결과를 얻는다.

18 heat capacity ratio. 열역학을 공부해야 안다.

13

지구 생물체의 대멸종과 네메시스 가설

네메시스(Nemesis)란 그리스 로마 신화에 나오는 심판의 신이며 태양계에 존재한다는 가상의 별에 붙여진 이름이기도 하다. 네메시스라는 이름을 붙인 별이 출현하게 된 문제의 발단은 지구 생명체의 주기적 멸망이다. 지구 생명의 탄생 이후로 화석의 흔적은 지구상의 생명체가 2,600만 년마다 대멸종을 한다는 것이다. 그리고 그 원인은 외계에서 몰려드는 소행성들 또는 혜성들과의 충돌이다. 지구상 생명체의 약 70 %가 멸종한 공룡의 멸망도 그 주기에 들어간다. 지구에 생명체가 번성한 이후에 발생한 가장 큰 멸종은 고생대에서 중생대로 바뀌는 약 2억 5,000만 년 전으로, 지구상 생명체의 95 %가 사라졌다.

동서 모든 문명에서 혜성의 출현은 예외 없이 불길한 징조로 받아들여졌다. 우리나라도 마찬가지였다. 그것은 먼 과거에 혜성이 땅에 떨어져 대참사가 발생한 기억이 무의식 속에 전해 내려왔기 때문으로 본다. 세계에서 2,000년 이상 천체 관측을 해 온 나라는 딱 두 나라다. 우리나라와 중국이다. 《삼국사기》의 천체 관측 기록은 약 90 %가 정확하고, 당시의 삼국지를 비롯한 중국 사서들은 평균 80 %가 정확하다. 일부에서 《삼국사기》를 쓸 때 당시의 중국 사서들을 놓고 비교했다는 것을 근거로, 《삼국사기》 편찬위원회가 중국 사서의 천체 기록들 중에서 '정확한 것만 골라' 베꼈다고 하는데, 이는 불가능한 일이다. 또 중국 사서에 나오지 않는 《삼국사기》만의 천체 기록들은 어떻게 설명할까?

그렇다면 왜 지구에 2,600만 년마다 소행성들이나 혜성들이 대규모로 몰려올까? 현재의 태양계를 보아서는 전혀 그럴 이유가 없다. 소행성대가 흔들리려면 목성이나 토성의 궤도나 중력이 급격히 변해야 하는데 목성이나 토성이 2,600만 년마다 어떤 대변화를 겪는다는 증거는 아직 없다. 또한 혜성이 태양계 중심부로 몰려오려면 혜성의 재료가 모여 있는 카이퍼 벨트(Kuiper Belt) 대가 흔들려야 하는데 아직 증명되지 않았다. 카이퍼 벨트는 미국의 천문학자 카이퍼가 1950년대에 제안한 것으로, 명왕성 바로 외곽에 위치한 수많은 소행성들을 비롯한 천체들의 모임이다. 명왕성도 실은 여기에 속한다고 본다.

그래서 생각한 것이, 태양계에 어떤 큰 별이 있어서 주기적으로 소행성대나 카이퍼 벨트를 흔들어 작은 천체들이 대규모로 태양계 중심부로 몰려들고, 그들이 지구와 충돌하여 지구 생명체의 대멸종을 가져온다는 추정이다. 따라서 이름도 네메시스라 붙였다. 그리고 그 별에 대하여 여러 가지 물리적 성질들도 예측되었다. 크기는 태양의 1/10, 적색 왜성이며, 본래 태양의 쌍성이었다는 것이다. 우주의 수많은 별들 중에 2개의 별이 쌍성을 이루고 둘 사이의 무게중심을 중심으로 공전하는 경우가, 단성으로 있는 경우보다 안정되어 숫자가 더 많다.

하지만 아직까지 네메시스는 발견되지 않았다. 발견되기 전까지는 가설일 뿐이다. 2,600만 년마다 소행성들이나 혜성들이 태양계 중심부로 몰려드는 이유는 무엇일까? 무엇이 이들을 흔들까? 우리는 아직도 태양계의 기본 구조를 잘 모르고 있다.

14

외계 생명체란 무엇일까?

만일 지구의 생명체가 소행성 충돌로 우주로 튕겨 나가 화성에 착륙하여 10억 년을 진화했다면 이 생명체는 지구 생명체일까, 아니면 외계 생명체일까? 반대로 화성에 소행성이 충돌하여 화성의 생명체가 우주로 튕겨 나가 지구에 착륙하여 10억 년을 진화했다면 이 생명체는 지구 생명체일까, 아니면 외계 생명체일까?

이런 방식으로는 지구 생명체인지 외계 생명체인지를 구분할 수 없다. 유튜브를 보니 생물학자들은 좀 더 확실한 방법으로 지구 생명체와 외계 생명체를 구분하는 기준을 만들었다고 한다.

지구 생명체란 주성분이 원자 단계에서 천(C.H.O.N)으로 구성되어 있고 분자 단계에서는 물(H_2O)로 구성되어 있는 것, 외계 생명체는 이것이 아닌 것으로 구분한다고 한다. 따라서 외계 생명체를 구분하는 데 있어서 사는 지역은 관계없다. 우주에서도 지구 생명체를 발견할 수 있고, 지구에서도 외계 생명체를 발견할 수 있다는 뜻이다.

따라서 외계 생명체를 찾으러 반드시 우주로 나갈 필요가 없다. 지구에서도 얼마든지 외계 생명체를 찾을 수 있으니. 또한 다른 태양계로 나가 기껏 생명체를 찾았으나 지구 생명체일 가능성도 많다.

예를 들면 영화 〈에일리언〉에 나오는 도마뱀 비슷한 생명체가 외계 생명체인 이유는, 외계에서 와서가 아니라, 혈액의 주성분이 물이 아니라 산이기 때문이다. 그러면 영화 〈프레데터(predator)〉에 나오는 사람 비슷한 외계인은 지구 생명체일까, 아니면 외계 생명체일까? 그것은 몸의 구성 성분을 분석해 봐야 알겠지만 지구 생명체일 가능성도 있다.

조금 이상하기는 한데 이 방법 외에는 마땅한 방법이 없는 것이다. 여러분들이 지구 생명체와 외계 생명체를 구분하는 더 좋은 기준을 제시해 주기를 바란다.

15

금성과 지구의 달라진 운명

금성의 반지름은 지구의 95 %로 거의 비슷하며 지구 바로 안쪽에서 돈다. 태양을 도는 공전 속력은 지구가 약 초속 30 km이고, 금성은 안쪽 궤도를 돌기 때문에 조금 빨라 35 km 정도다. 1년은 지구 시간으로 225일로 지구의 2/3 수준이다. 중력 가속도도 지구의 90 %로 비슷하다. 중력 가속도란 중력 마당(중력장, gravitational field)의 크기를 뜻한다.

질량 m인 물체가 질량 M이고 반지름이 R인 별 위에서 받는 힘은 만유인력이므로 만일 밀도가 균일한 것으로 근사하면 다음과 같다.

$$mg = G\frac{Mm}{R^2}, \qquad \therefore g = \frac{GM}{R^2} \propto \rho R.$$

G는 중력 상수다. 따라서 별의 중력 마당의 크기인 중력 가속도 g는 밀도와 반지름의 곱에 비례한다. 즉, 밀도가 커야 하지만 밀도가 비슷하면 반지름이 큰 별이 중력 가속도도 더 크다. 중력 가속도가 커야 표면에 많은 대기를 붙들어 둘 수 있다.

표면 탈출속력도 지구와 비슷하여 지구는 약 초속 11 km이고 금성은 초속 10 km 정도다. 그래서 둘을 쌍둥이 행성이라고 부르기도 한다. 단, 자전이 지구와 크게 다른데 금성은 태양계의 유일한 역자전 행성이다.[19]

19 천왕성은 누워서 태양을 공전하는데 자전 방향을 역자전으로 보기도 한다.

그런데 이 역자전은 아주 느려서 거의 돌지 않는 것이나 마찬가지다. 금성이 처음 생성되었을 때는 정상적으로 자전하는 행성이었을 것이다. 하지만 어떤 거대한 천체와 충돌하여 이것이 금성을 반대로 자전시켰다고 본다. 아니면 충돌의 결과로 축이 뒤집어진 것이다.

또 하나의 큰 차이는 지구는 강력한 자기장을 가지고 있어 이것이 태양으로부터 불어오는 미립자들을 막아 내는 자기 방패 역할을 하는데, 금성은 자기장이 작아 그런 역할을 할 수 없다는 것이다. 태양풍은 지구 표면의 생명체 존재를 위협한다. 따라서 자기장의 존재 여부는 생명의 존재와 관련이 깊다. 단, 표면이 두꺼운 얼음으로 덮여 있으면 자기 방패 대신에 얼음 방패로 태양풍을 막을 수 있다. 자기장은 전하를 띤 물질이 움직일 때 발생한다. 자기장이 미약하다는 것은 자전을 거의 하지 않아 핵이 굳었다는 뜻으로 이 역시 충돌이 원인이라고 본다.

2006년에 금성에 우주선을 보냈는데 붉은 황사로 덮인 뜨거운 세상이었다. 우주선 속력이 금성 속력보다 느리기 때문에 금성을 따라잡을 수 없어서, 대신에 공전 궤도를 잘 계산해 우주선이 만나도록 해야 한다. 금성 궤도에 들어가 금성을 돌게 되면 그때부터는 연료를 사용하지 않고 금성의 중력으로 따라간다. 그리고 금성을 돌면서 표면 사진을 찍어 살펴보는 것이다.

금성은 표면 온도가 500 ℃에 가깝다. 납이 약 300 ℃에 녹기 때문에 금성 표면에 납이 있으면 액체로 존재할 것이다. 만들어질 당시, 지구와 금성은 비슷한 상태였을 것이다. 하지만 오늘날 금성은 생명체가 없는 행성이나 지구는 생명체로 가득 찬 행성이다. 무엇이 이 둘을 이토록 다르게 만들었을까?

2억 5,000만 년 전에 지름 수십 킬로미터 크기의 소행성이 지구와 충돌했고(중생대를 끝낸 것은 지름 10 km 규모), 그 결과 지각이 깨지며 용암이 대규모로 지표면으로 분출했다. 그 충격으로 전 지구적으로 화산이 이산화탄소와 일산화탄소를 지속적으로 배출하자 온실효과(Green house effect)가 발생하여 지구상 생명체의 약 95 %가 사라졌다.[20] 이를 페름기 대멸종이라 하는데, 대멸종으로부터 복구된 후의 시대를 중생대라 한다.

금성은 이것이 그대로 진행되어 지금까지 복구가 안 된 경우이고, 지구는 수천, 수만 년 후에 복구가 된 경우다. 왜 지구가 복구되었는지는 모른다. 자전과 관련이 있지 않을까 추정할 뿐이다. 그런데 두려운 것은 페름기 대멸종 당시의 생명체 멸종 속도보다 최근 2,000년 동안의 생명체 멸종 속도가 훨씬 더 빠르다는 점이다.

유튜브를 보니 금성에 생명이 있다면 뜨거운 지면을 피하여 높은 구름 속에 있을 것이라고 했다. 온도도 적당하고 주변에 수증기도 있기 때문이다. 이는 나중에 금성에 식민지를 건설할 경우에 공중도시를 지어야 한다는 뜻이다.

---

20 당시의 화석에는 생명체의 흔적이 없다.

16

화성 대협곡의 생성 원인

화성은 반지름이 지구의 약 1/2인 행성으로, 영어로 Mars라 하는데 그리스-로마 신화의 '전쟁의 신'의 이름에서 따왔다. 옛날에는 전쟁터의 용사들에게 얼굴에 흉터 무늬를 문신하는 풍습이 있었는데, 화성 표면에도 [그림]처럼 동서로 긴 거대한 흉터가 있다.

화성 표면을 보면 적도 부근에 동서로 길이 4,000 km, 깊이가 약 10 km에 이르는 거대한 협곡이 보인다. 협곡의 가운데가 가장 넓고 깊다. 지구에서 가장 큰 협곡이 미국의 그랜드 캐니언인데 길이가 약 800 km이므로 이의 약 5배에 이른다. 지축이 약 25° 기울어 있으므로 거의 적도에

[그림] 직사각형 부분이 화성의 메리너스 협곡(Valles Marineris)이다. 미국의 크기와 비슷한데 적도에 평행하고 동서로 대칭이다.

평행하다. 물이 흐른 흔적이 있어 물이 사라지기 전에 만들어졌던 것으로 보인다. 또한 화성에는 태양계 최대의 협곡과 함께 올림포스 화산이라는 이름이 붙은 태양계 최대의 화산이 있다.

이 적도에 형성된 협곡을 기준으로 북반구와 남반구의 지형이 전혀 다르다. 남반구에는 태양계 초기에 형성된 오래된 크레이터들이 잘 보존되어 있다. 반면에 북반구는 그런 오래된 크레이터가 별로 없다. 또 남반구에 비하여 북반구는 지각이 상대적으로 얇다. 이는 충돌에 의하여 북반구의 표면이 벗겨 나가 얇아졌기 때문인데 화성 초창기에 이런 대규모 충돌이 여러 차례 있었던 것으로 추정된다. 또한 화성 표면 전체가 무엇인가가 산산조각이 난 아주 작은 돌들로 덮여 있는데, 이는 충돌 후 깨진 돌 조각들이 대기권으로 올라갔다가 화성 중력에 끌려 다시 표면에 떨어진 것으로 추정된다.

이후 북반구에는 거대한 바다가 있었고 남반구에는 거대한 대륙이 있었다. 북반구에 초기 크레이터가 적다는 것은 바다가 수억 년 이상 상당 기간 있었다는 뜻이다. 그러면 지구에서 생명이 발생했듯이 화성에서도 생명이 발생할 수 있다는 뜻이다.

화성의 두 위성 중 하나인 포보스는 지름이 단 22 km에 불과하며, 모양이 둥글지 않고 타원형이며 울퉁불퉁하다. 이럴 경우 보통은 지나가던 소행성이 화성 중력에 잡혀 위성이 된 것이다. 그런데 포보스는 구성 성분이 화성과 같다. 따라서 이는 행성 간 충돌에 의해 화성 표면의 한 조각이 깨져 우주로 튕겨 나갔다가 화성 중력에 잡혀 위성이 된 것이다. 포보스는 태양계에서 모행성에 가장 가까이 붙어 있는 근접위성인데 점점 궤도가 줄고 있어, 언젠가는 화성 표면에 충돌하며 상당한 상처를 남길 것이다. 다른 위성인 데이모스도 생성 원인이 같을 것으로 본다.

흔히 화성의 흉터라고도 불리는 대협곡은 마치 조각칼로 화성 표면에 작품을 만든 것처럼 패여 있어, 용암이 흘렀다거나 물이 흘러 침식작용으로 일어났다거나 하는 것은 다 이유가 될 수 없다. 따라서 이 문제는 오랫동안 수수께끼였다. 그런데 최근에 미국에서 유력한 학설이 등장했다. 두 개의 행성이 접촉하며 생긴 거대한 전기적 충격으로 만들어졌다는 전기충격설이다. 화성과 어떤 행성이 접촉하여 비빌 때 두 행성 표면에 쌓인 전하 사이에 거대한 방전이 일어나 표면이 패였다는 것이다. 동서로 긴 것은 화성이 자전하면서 접촉했기 때문이다.

이 학설이 신빙성이 높은 이유는 실험으로 재현되었기 때문이다. 실험실에서 회전하는 작은 원형 모형을 만들어 전기충격을 주며 비비니, 비빈 대상에 대협곡과 유사한 모양이 만들어졌다. 접촉한 행성은 협곡의 크기로 볼 때 소행성은 아니고 달 정도 크기가 아니었을까 한다.

화성의 지축이 기울어진 이유는 지구와 마찬가지로 초기에 일어난 행성 충돌의 결과다. 화성은 지구와 마찬가지로 태양계가 생성되던 45억 년 전에 만들어져 지구와 비슷했으나 약 40억~35억 년 전에 명왕성 크기의 행성과 북쪽에서 충돌이 일어나 대기가 사라지고, 온도가 내려가고, 핵이 굳고, 자기장이 사라지고, 지각 운동이 멈추고, 바다가 말라 버린 것으로 추정된다. 화성의 북반구 지각이 얇은 것은 전체가 거대한 크레이터이기 때문이다. 지구는 다행히 화성보다 훨씬 크기가 크고 더 좋은 궤도를 돌고 있어서 이런 행성 충돌로부터 살아남았다.

만일 이 대사건이 40억 년 전이 아니라 35억 년 전에 일어났다면 생명이 출현할 충분한 시간이 되기 때문에 아직까지 남아 있을 가능성이 있다. 생명이란 탄생하기가 어려워서 그렇지 일단 탄생하면 스스로 진화하기 때문에 웬만해서는 잘 멸종하지 않는다.

17 태양계의 행성급 대형 위성들

태양과 같이 스스로 빛을 내는 천체를 항성 혹은 별(star)이라고 한다. 그리고 그 별을 돌고 있는 천체는 행성(planet)이라고 하는데 스스로 빛을 내지는 못한다. 지구가 대표적인 예다. 그리고 다시 그 행성을 돌고 있는 천체를 위성(moon)이라고 한다. 달이 위성의 대표적인 예다.

목성과 토성은 거대한 기체 행성으로 많은 위성들을 거느리고 있다. 목성의 위성은 현재까지 관측된 것만 해도 67개다. 이 중 가장 큰 것이 목성의 위성인 가니메데이고, 두 번째로 큰 것이 토성의 위성인 타이탄이며, 세 번째가 목성의 위성인 칼리스토다. 흔히 갈릴레이 위성이라 불리는 목성의 대형 위성 4개,[21] 토성의 위성 1개(타이탄), 그리고 지구의 달을 합해 6개를 행성급 위성이라고 한다. 이 중에 가니메데와 타이탄은 가장 작은 행성인 수성보다 크다.

만일 명왕성이 행성으로 남아 있었다면 칼리스토도 행성보다 크다고 할 것이다. 하지만 명왕성은 그와 비슷한 행성들이 여러 개 발견되면서 행성에서 탈락하고 '왜행성'으로 분류되었다.[22] 명왕성 외곽의 카이퍼 벨트에

---

21 1600년에 갈릴레이가 발견했다 하여 갈릴레이 위성이라 부른다.

22 2006년 7월 국제 천문 연맹이 정의한 행성의 조건은 다음과 같다. ① 항성 주위를 공전하고, ② 충분한 질량과 중력으로 공 모양의 형태를 유지하며, ③ 자신의 공전 궤도에서 가장 지배적인 천체여야 한다. 명왕성은 조건 ③을 만족하지 못했다.

는 명왕성과 비슷한 왜행성들이 수없이 많이 존재할 것으로 추정된다.

칼리스토는 크기가 수성의 99 %다. 달은 지름이 약 3,500 km로 태양계의 위성들 중에서 질량이 모행성의 1 %를 넘는 유일한 존재다. 그 이유는 달만 생성 과정이 다른 위성들과 다르기 때문이다. 칼리스토는 흔히 죽은 위성이라고 하는데 표면에 수십억 년 전 위성이 만들어질 때 생긴 크레이터가 그대로 있기 때문이다. 거의 변화가 없으니 죽었다는 뜻이다. 그렇게 보면 달도 죽은 위성이다.

토성은 타이탄 외에는 대형 위성이 없다. 토성에 대형 위성이 적은 것은 태양계 초창기에 토성 조석력에 의하여 깨져서 고리가 되었기 때문이 아닌가 생각된다. 타이탄은 가장 짙은 대기를 가지고 있으며 표면에 바다, 호수, 강이 있어서 초창기 지구와 유사하다는 평을 받는다. 단 온도가 낮아 물이 아니고 액체 메탄(methane, CH_4)이다.

위성들도 행성과 마찬가지로 모행성에 가까울수록 온도가 높다. 목성에서 가장 가까운 순서로 화산이 폭발하는 이오가 가장 높고, 다음이 유로파, 가니메데, 칼리스토 순이다. 생명체 가능성은 항성의 골디락 존(Goldilocks zone)[23]과 마찬가지로 목성의 골디락 존에 위치하여 액체 물이

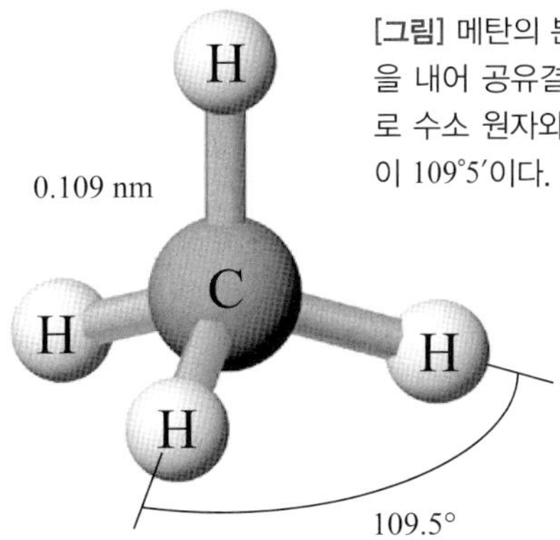

[그림] 메탄의 분자 구조. 수소와 탄소 원자가 각각 전자 한 개씩을 내어 공유결합을 하는데 화학적으로 안정하다. 정4면체형으로 수소 원자와 탄소 원자의 평균 거리가 0.109 nm이며 사잇각이 109°5′이다. 1분은 1/60도다.

존재하는 유로파와 가니메데가 크다. 목성은 강력한 자기장을 가지고 있어서, 태양에서 날아오는 전하를 띤 생명체에 유해한 미립자들이 위성 표면에 떨어지는 것을 막아 주므로, 갈릴레이 위성들이 자기장의 보호를 받는다. 이는 생명체 존재 가능성을 더욱 높인다.

은하계에도 골디락 존이 있다고 한다. 거대한 블랙홀이 있다는 은하계 중심으로부터 너무 가깝거나 멀면 생명체가 존재하기 어렵다고 본다.

다음은 달을 제외하고 행성급 대형 위성들을 간략히 소개한 것이다.

이오

갈릴레이 위성 중에 목성에 가장 가깝다. 이오는 유로파, 가니메데와 1 : 2 : 4의 공전 주기를 가지고 있어 가니메데와 유로파는 이오가 목성을 공전할 때마다 같은 위치에서 힘을 가하게 된다. 목성에 가까워서 큰 조석력을 받으며, 주기적으로 가니메데와 유로파에 의해 힘을 받아 이오는 형태가 조금씩 변한다. 이에 따라 내부에는 마찰이 생기고 열이 발생한다.

유로파

목성의 골디락 존에 위치한다. 갈릴레오 위성 중 가장 작으며 질량은 달의 0.65배 정도다. 관측 결과, 표면에 구덩이가 거의 없고 철이 주성분인 핵과 규산염 맨틀, 그리고 얇은 지각으로 구성되어 있다. 얇은 지각 밑에는 액체 상태의 바다가 있다고 추정하고 있고, 내부의 열이 존재하는데 이는 주변 위성들과 목성의 상호작용으로 인해 생성된 것으로 추정한다.

가니메데

목성의 골디락 존에 위치한다. 태양계 안에서 가장 큰 위성으로 목성으

23 영국 동화에 나오는, 너무 뜨겁지도 차지도 않은 수프를 뜻한다. circumstellar habitable zone(CHZ), 표면에 물이 액체로 존재하는 영역이다.

로부터 세 번째로 떨어져 있다. 내부 구조는, 부분적으로 용융 상태에 있는 철이 주성분인 핵이 존재하고, 규산염의 하부 맨틀, 얼음으로 이루어진 상부 맨틀, 그리고 얼음 지각으로 구성되어 있다. 표면은 융기한 부분과 패인 부분이 많이 있으며, 이것으로 과거 지질 활동이 있었다는 것을 추정할 수 있다.

칼리스토

갈릴레이 위성들 중 목성에서 가장 멀리 떨어져 있다. 내부 구조가 단순히 얼음과 암석으로 되어 있고, 지각은 얼음을 위주로 구성되어 있다. 따라서 밀도는 갈릴레이 위성들 중 가장 낮은 1.83 g/cm^{3}이다. 위성의 밀도가 물의 2배 이내이면 물이나 얼음이 주요 구성 성분일 가능성이 많다. 칼리스토의 표면에는 많은 충돌 흔적이 있는데, 이는 충격에 의해 얼음이 녹아 여러 겹의 고리들이 생겼다가 낮은 온도로 인해 바로 굳어 버려 생긴 것으로 알려져 있다.

타이탄

토성의 골디락 존에 위치한다. 토성의 위성으로 목성의 가니메데 다음으로 크다. 타이탄의 대기는 지구처럼 대부분 질소로 이루어져 있다. 메탄이 포함된 짙은 대기를 가지고 있는데 이 엄청난 양의 메탄이 어디서 왔는지는 수수께끼다. 밀도는 1.88 g/cm^{3}로 지구보다 아주 작다. 표면 탈출속력은 2.64 km/sec로 달과 비슷하다. 우주선 속력이 마하 8이면 탈출한다.

18

달의 생성 과정

지구는 달이라는 위성이 하나 있는데 다른 행성들의 위성에 비하여 어울리지 않게 크다. 달의 특징은 다음과 같다.

① 모행성(지구)에 비하여 지나치게 크다(태양계 내에서 위성 크기 서열 4위). 반면에 핵이 차지하는 비율이 일반 위성에 비하여 지나치게 작다. 행성이 주변 물질을 끌어들여 만드는 보통의 위성 생성 방식으로는 불가능한 구조다.

② 지구로부터 점차 멀어져 가고 있다. 동시에 지구의 자전 역시 점차 느려져 간다. 이를 '각운동량 보존법칙'이라 한다. 식으로 쓰면 $\vec{r} \times \vec{v} =$ (일정)이다.[24] 마치 피겨의 김연아 선수가 팔을 몸 가까이에 모으면 회전이 빨라지고, 옆으로 멀리 펴면 회전이 늦어지는 것과 같다.

③ 지구와 구성 성분과 생성 시기가 비슷하다. 즉 지구와 달은 동시에 만들어졌다.

왜 지구 축은 공전 면에 비하여 약 23.5도 기울어졌을까? 만일 기울어지지 않았다면 지구에는 계절이 없었을 것이다. 지금은 남북회선 부근이

---

24 벡터의 외적으로 크기는 두 벡터 r와 v가 만드는 평행사변형의 면적이고, 방향은 평행사변형의 면이 바라보는 방향이다.

사막이지만 만일 기울어지지 않았다면 적도 부근이 사막이 되었을 것이다. 그렇다고 해서 너무 기울어져도 문제다. 지축이 적당히 기울어졌다는 것은 정말로 다행스런 일이다.

수많은 달의 기원 학설 중에 현재는 충돌설이 자리를 잡았다. 수성의 지각 소멸, 금성의 역자전 현상, 화성의 바다 소멸과 핵이 식어 자기장이 사라진 것, 천왕성이 누워서 공전하는 것 등도 모두 태양계 초기인 35억 년 이전에 다른 소행성과의 대충돌이 만든 것이다. 특히 화성은 북반구에 충돌에 의한 지형 변화가 뚜렷하여 북반구에 충돌했다고 보고 있다. 가스 행성인 천왕성과 충돌한 소행성은 부서져서 튕겨 나가거나 하지 않고 천왕성에 합해져 버린 것이 아닌가 생각된다.

태양계가 만들어질 때 태양 주변에 수많은 먼지 같은 조각들이 궤도를 따라 공전하다가, 서로 충돌과 충돌을 거듭하며 주변 물질들을 흡수하여 점차 커지는 것과, 이 반대의 과정으로 점차 사라지는 것들로 정리되었는데 이를 '궤도싸움'이라 한다. 소행성대는 행성이 만들어질 만큼의 재료가 없었는데 이것은 목성의 인력에 의해 끌려갔기 때문이다. 즉 소행성대는 태양과 목성의 중력싸움으로 행성이 만들어지지 못하고 남은 재료들이다. 따라서 태양계 초창기의 정보들을 그대로 가지고 있다. 현재의 소행성들은 태양계 초창기에 비하여 5% 정도가 남아 있다고 본다.

지구가 공전하는 궤도에는 지금의 지구보다 약간 작은 행성과 화성 정도의 행성 두 개로 정리되었다. 그런데 시간이 지남에 따라 두 개의 궤도가 겹치기 시작하여 두 행성 간에 다시 궤도싸움이 벌어졌다. 약 45억 년 전이다. 두 행성이 대충돌하여 작은 행성이 산산조각이 났다. 작은 행성의 일부는 큰 행성에 합쳐지고 일부는 우주 공간으로 튕겨 나갔는데 튕겨 나간 조각들이 지구 중력에 잡혀 위성이 만들어졌다. 그 충돌의 결과, 수직이던 큰 행성 축이 23.5도 기울어지게 되었다. 지축이 기울어진 큰 행성이 지구고 산산조각 난 작은 행성의 조각들이 다시 모인 것이 달이다.

달의 탄생 직후에는 하루가 약 6시간이었으며 달은 지금보다 훨씬 가까워 지금의 약 10배 정도로 거대하게 보였을 것이다. 달이 가까이 있어서 바다의 파도 역시 지금보다 훨씬 높았다. 45억 년이 지난 지금 지구에서 보면 해와 달의 크기가 겉보기 비슷하다.

수억 년이 지나면 멀어져 간 달이 더 작게 보일 것이고, 하루도 지금의 24시간보다 훨씬 길어질 것이다. 지구의 밀물과 썰물은 달과 해가 7 : 3의 비율로 지배하는데 이것이 바뀌어 파도의 변화가 더 심해질 것이다. 또 달의 중력이 지축을 잡아 주지 못하여 지축이 심하게 흔들려 계절이 안정성을 잃을 것이다.

19

태양계 최대 위성, 가니메데

태양계의 8개 행성들이 거느린 위성들 중에 가장 작은 행성인 수성보다 크거나 비슷한 위성들을 흔히 '행성급 위성'이라 한다. 위성들 중 가장 큰 목성의 가니메데(기니메데)와 토성의 최대 위성인 타이탄이 대표적이다. 달의 부피는 지구의 약 2 %인 데 비하여 가니메데의 부피는 지구의 약 7 %다. 목성으로부터 거리는 가까운 순서로 이오-유로파-가니메데-칼리스토 순이다.

태양으로부터 가까운 행성이 더 많은 열을 받아 뜨거운 것처럼, 목성의 위성들도 목성에서 가까운 것이 대체로 온도가 높다. 그 이유는 열 때문이 아니고, 행성이 위성에 작용하는 중력인 조석력 때문이다. 조석력의 예를 들면 달의 중력이 지구에 작용하여 밀물과 썰물이 생기는 것이다. 목성에서 가장 가까운 이오는 화산이 폭발하는 등 뜨거운데 목성의 중력이 이오를 쥐어짜기 때문이다. 거리가 어느 한계 이내로 들어가면 조석력이 아예 위성을 파괴하여 조각난 위성은 토성의 고리처럼 된다.

가니메데를 망원경으로 보면 울퉁불퉁하지만 그 내부는 물과 얼음이 있을 것으로 추정된다. 완전히 물로 덮인 목성의 또 다른 위성인 유로파와 비슷하지만 가니메데는 암석이 있다는 것이 다르다. 그런데 오래된 크레이터와 새 크레이터가 섞여 있다. 이는 지각이 변한다는 뜻이다.

표면의 크레이터 나이를 분석하면 지각 변동이 얼마나 있는지 알 수 있다. 예를 들어 달은 표면의 크레이터 나이가 수억 년 이상 되므로 지하에 액체 바다가 없다는 뜻이다. 대기가 희박하고 표면 아래가 고체이면 수억 년이 지나도 크레이터가 그대로 있다. 반면에 아래에 액체 바다가 있으면 떠내려가며 움직이거나 녹았다 얼기 때문에 표면이 변하게 되고, 따라서 오래된 크레이터는 사라진다. 유로파와 토성의 위성인 엔셀라두스가 한 예다. 지구는 바람과 물 등에 의한 지질 변화로 인해 오래된 크레이터가 사라진 경우다.

달 표면의 평균 온도는 영하 100℃ 정도인데 가니메데 표면의 평균 온도는 영하 200℃ 정도로 달보다 훨씬 낮다. 가니메데는 태양으로부터 훨씬 멀기 때문에 낮은 것이다. 하지만 내부 온도는 태양으로부터 멀리 떨어져 있어도 목성의 조석력 때문에 오히려 뜨거울 수 있다.

가니메데의 평균 밀도는 지구의 1/3 정도에 불과하다. 가니메데의 내부는 암석 위에 마치 맨틀과 유사한 정도의 거대한 바다층이 존재하며, 지구보다 훨씬 깊어 더 많은 물을 보유하고 있을 것으로 추정된다. 바닷물이라고 한 이유는 소금이 있어 짤 것으로 생각되기 때문이다.

최근의 연구 결과는 단순히 바다가 아니라, 얼음층과 물층이 마치 샌드위치처럼 교대로 층층이 쌓인 구조가 아닐까 하는 추정이 나왔다. 내부 음속을 측정한 결과, 지구의 바다 음속보다 약간 빨랐는데, 음속은 공기보다는 물속에서, 물속보다는 얼음 속에서 더 빠르기 때문이다. 어느 경우든 이 위성도 생명체 존재의 강력한 후보 중 하나다. 목성의 골디락 존에 있는 위성이 유로파와 가니메데다.

가니메데는 태양계의 위성들 중에 유일하게 강한 자기장을 가졌는데 이는 핵이 액체로 되어 회전하기 때문이다. 자기장이 있어야 대전된 미립자들로 이루어진 태양풍으로부터 표면을 보호할 수 있고, 또한 대기를 가지고 있는 것으로 알려져 지구와 상당히 비슷한 위성이다. 만일 태양계 위성 중 하나에 우주기지를 건설해야 한다면 가니메데가 가장 먼저 후보에 오를 것이다.

일반적으로 위성의 내부 구조 추정은 밀도로부터 이루어진다. 질량을 알 수 있고, 반지름을 알면 밀도가 나온다. 무거운 핵을 가진 고체인데도 그 평균 밀도가 지나치게 작으면 내부에 액체층이 존재할 가능성이 높다고 보는 것이다.

가니메데의 중력은 지구의 약 1/6로 달과 비슷하다. 밀도도 달과 비슷하다. 밀도가 클수록 대개 표면에서의 탈출속력이 크다. 가니메데의 표면 탈출속력은 2.741 km/sec로서 달의 표면 탈출속력 2.38 km/sec보다 약간 크다. 초속 1 km가 약 마하 3이므로 우주선이 마하 7[25] 이상의 속력을 내면 달 표면에서 벗어나 지구로 돌아올 수 있다. 달에 사람을 착륙시키기는 쉬우나 다시 데려오기 힘든 이유가 이것 때문이다. 사람을 다시 데려오려면 달에 우주선 발사대를 설치하고 연료를 주입해야 하는데 우주선 발사대와 연료를 지구에서 가져오기 어렵다. 우주선 질량의 90 % 이상이 연료다. 지구에서 달로 물질을 운반하는 데 질량 1 kg당 약 1억 원이 소요된다고 한다. 그런데 더 어려운 것은 비용이 아니라 엄청난 시간이다.

25 물체를 화약의 폭발 압력이 아니라 전자기적 힘으로 움직이는 것을 '레일 건'이라고 하는데 이 속력은 '레일 건'으로 도달 가능한 범위다.

20

목성의 제2 위성, 칼리스토

갈릴레이 위성이라 부르는 목성의 4대 위성 중에 가장 먼 곳에 있는 위성이 칼리스토(Callisto)다. 부피가 수성의 99 %로 목성에서 두 번째, 태양계에서 세 번째로 큰 위성이다. 갈릴레이 위성들 중 목성에서 가장 멀리 떨어져 있어 충분한 조석력을 받지 못하여 가장 춥다.

칼리스토 표면에 달처럼 수많은 크레이터가 존재한다. 그것도 수십억 년 된 크레이터가 있다. 만일 아래가 바다라면 유로파처럼 물이 움직이고 또 녹고 얼고 하면서 표면이 변하기 때문에 수십억 년 된 크레이터가 존재하기 어렵다. 따라서 바다는 없고, 대신 달처럼 지하에 암석과 섞인 얼음층이 있을 것으로 추정된다.

여러 가지 물리적 성질이 달과 비슷하다. 중력 가속도는 지구의 약 1/8로 달보다 약간 작으며, 탈출속력은 2.44 km/sec로 달보다 약간 크다. 모양이 거의 구형이며 자전축도 전혀 기울어지지 않았다. 따라서 생성된 이후 위성 간 대형 충돌 같은 것은 없었다고 본다.

칼리스토는 지진이나 화산 같은 지각 운동이 없기 때문에 흔히 죽은 위성이라 한다. 내부 추정도를 보면 아예 지각이 없다. 상대적으로 지구는 지각이 움직이는 조산운동을 하므로 살아 있는 행성이다.

목성 부근에 우주기지를 건설한다면 화산이 쉴 새 없이 폭발하는 뜨거운 이오와 바다가 없는 칼리스토는 어렵다. 그러면 유로파와 가니메데인데 그중에서도 가니메데가 가장 적합하다고 본다. 이유는 유로파는 전체가 바다인 것에 비하여 가니메데는 지구처럼 육지도 있고 바다도 있기 때문이다. 또한 자기장이 있어 우주미립자의 공격으로부터 표면을 보호받을 수 있다. 태양이 연료를 다 쓰고 부풀어 올라 적색 거성이 되는 날, 가니메데는 푸른 바다가 넘실대고 숲이 우거진 제2의 지구가 될지도 모른다.

21

목성의 물 위성, 유로파

목성은 약 60개의 달(위성)을 가지고 있다. 가장 큰 위성이 가니메데이고 네 번째로 큰 위성이 유로파(Europa)다. 태양계에서 달은 위성 중에서 다섯 번째로 크다. 참고로 반지름 1,000 km 이상의 위성들은 7개인데 다음과 같다.

① 가니메데(Ganymede, 2,634 km)
② 타이탄(Titan, 2,575 km): 토성의 위성
《수성 크기》
③ 칼리스토(Callisto, 2,408 km)
④ 이오(Io, 1,818 km)
⑤ 달(Moon, 1,737 km): 지구의 위성
⑥ 유로파(Europa, 1,569 km)
⑦ 트라이턴(Triton, 1,353 km): 해왕성의 위성

이 중에 유로파가 학자들의 관심을 끄는 이유는 그 표면 때문이다. 유로파는 마치 볼링공처럼 표면이 매끄럽다. 그리고 크레이터가 별로 없다. 모두 새로 생긴 표면이다. 이는 표면이 녹았다 얼었다 하면서 오래된 크레이터의 흔적을 지웠기 때문이다. 더욱이 표면의 무늬가 계절에 따라 변한다.

최근에는 유로파 표면 아래의 음속이 1,750 m/sec로 지구의 바닷속 음

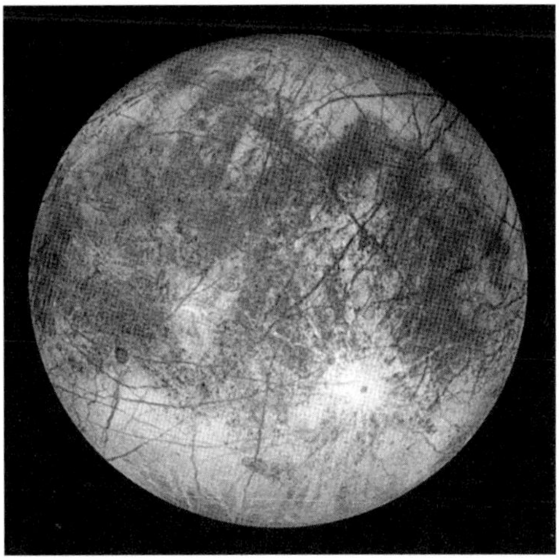

[그림] 유로파의 모습. 표면에 크레이터가 거의 없고 무수한 얼음 골짜기들이 얽혀 있다.

속인 1,500 m/sec보다 약간 더 빠른 것으로 알려졌다. 역학파동의 속력은 매질의 $\sqrt{(\text{탄성률})/(\text{밀도})}$로 주어지는데 탄성률은 압력에 비례한다. 따라서 압력이 높아지면 역학파동의 일종인 소리의 속력이 빨라진다. 즉, 유로파의 바닷속은 지구의 바닷속보다 두꺼운 얼음에 의한 압력을 더 받는 것이다. 물과 얼음이 마치 지구의 맨틀과 같이 부피의 대부분을 차지한다.

태양계에 지구 외에 대규모로 물이 존재하는 곳은 네 군데다. 하나는 목성의 위성인 유로파와 가니메데고, 다른 하나는 토성의 위성인 엔셀라두스와 타이탄이다. 유로파는 3~4일마다 목성을 한 바퀴씩 공전하며, 지름은 약 3,000 km로 달과 비슷한 크기다.

얼음 위의 온도는 영하 100 ℃ 정도로 추정되지만 무늬가 변하는 것은 내부의 열에 의하여 뜨거운 물이 솟아올라 표면이 녹는다는 뜻이다. 실제로 남극 부근에서 얼음 위로 거대한 물기둥이 치솟는 것이 관측되었다. 이를 간헐천(Geyser)이라 하는데 미국의 옐로스톤 국립공원에 가면 볼 수 있다. 얼음은 두께가 수십에서 수백 킬로미터에 이르지 않을까 추정되지만 표면과 연결된 통로가 있다는 뜻이다.

유로파 표면을 보면 팝업(pop−up)이라 하여 일부가 솟아오른 곳이 있다. 물이 얼음층을 뚫고 올라와 호수가 생기면 물이 가벼운 얼음층을 밀어내 표면에 팝업이 형성되는 것이다. 따라서 팝업 아래에는 작은 호수가 있고 더 아래에 지구보다 평균 깊이가 깊은 거대한 물의 바다가 존재한다.

목성은 강력한 방사능을 외부로 뿜어내는데 두꺼운 얼음 덕분에 얼음 속은 이로부터도 안전하다. 학자들은 그 얼음 아래가 궁금하다. 물은 생명의 근원이다. 지구를 보면 얼음으로 덮인 북극과 남극의 바닷속에 모두 생명체가 존재한다. 얼음 때문에 수온이 거의 변동이 없이 일정하여(0~4 ℃) 진화에 적당한 조건이 될 수 있다.

우주선을 유로파 표면에 착륙시킨 후 얼음을 두드려 돌아오는 소리의 시간을 재면 얼음의 두께를 알 수 있다. 그리고 생명체 탐사를 위해 얼음에 구멍을 뚫은 후 무인 잠수정을 투입하는 방법이 있다. 유로파의 바다는 수심이 약 100 km에 이를 것으로 추정된다. 참고로 지구는 가장 깊은 곳이 약 10 km다.

만일 유로파의 바다에 물고기가 산다면 그 모습은 어떤 모양일까? 찬물에 적응하도록 진화했고 형태는 아마 유선형일 것이다. 지느러미도 있을 것이다. 햇볕은 들지 않으므로 눈이라는 기관은 없을 것이다. 대신 수심이 깊으므로 귀는 굉장히 발달하였을 것이다. 물속에서 소리는 공기 중에서보다 4~5배 빠르다. 깊은 수심을 자유롭게 이동할 수 있도록 부레 같은 장치는 더 발달하였을 것이다.

걸으면 살고 앉으면 죽는다는 말이 있다. 가마를 타고 다니는 사람보다 그 가마를 메고 다니는 사람이 훨씬 건강하게 오래 산다는 말이 있다. 생명체란 그 내부에 무엇인가가 움직여야 에너지를 공급하는 물질대사를 할 수 있다. 정신도 비슷하다. 탄력적인 사고를 할 수 있는 지휘관이 전투를 승리로 이끈다. 생각이 굳으면 행동도 굳고, 그러면 그 사람은 죽은 것이다.

행성이나 위성은 자기장을 가져야 태양에서 날아오는 생명체에 해로운 미립자를 자기방패로 방어할 수 있는데 그러기 위해서는 내부에 액체나 기체로 구성된 부분이 있어야 한다. 지구는 외핵이 액체 상태이므로 강력한 자기장을 가지는 것이다. 천문학에서 지진이나 화산 같은 지각활동이 없는 행성은 죽은 것으로 본다. 움직이는 것이야말로 살아 있다는 가장 직접적인 증거다.

어느 세계에 고체만 있으면 생명체가 없다. 물질이 흘러 물질대사를 용이하게 하는 유체가 있어야 생명체가 존재할 가능성이 높은데 연결성까지 고려하면 기체보다 액체가 더 좋다. 그런데 액체를 대표하는 것이 우주에서 가장 풍부한 액체인 물이다. 우주에서 생명체를 찾는 문제는 물을 찾는 문제와 직결된다. 만일 물의 바다가 존재한다면 생명체의 존재 가능성은 매우 높아진다.

또 하나의 요건은 온도다. 바다에 빠진 사람이 죽는 이유는 수영을 못해서가 아니고 90 % 이상이 체온 저하다. 지구의 바다도 태양으로부터 오는 태양 에너지가 주된 에너지 공급원이다. 유로파는 태양에서 오는 에너지를 얼음이 차단하고 있다. 그런데 최근 유로파 사진을 보면 표면에 따뜻한 곳이 있다고 한다. 즉 물속에 열, 즉 에너지가 공급되는 체계가 존재한다는 것이다.

미국 항공 우주국(NASA)을 중심으로 목성의 위성인 유로파에 무인 우주선을 착륙시킨 다음에 얼음에 구멍을 뚫고 무인 잠수정을 내려 보낼 계획을 세우고 있다고 한다. 그리고 남극 대륙에서, 아래에 호수가 있고 위에 얼음이 있는 유로파와 유사한 지형을 골라 실험하는 중이라 한다.

물속으로 10 m 들어갈 때마다 대략 1기압이 증가한다. 수심이 100 m면 약 10기압이고, 1,000 m면 약 100기압이다. 지구에서 가장 깊은 태평양의 필리핀 옆 마리아나 해구는 약 1만 m이므로 1,000기압이다. 그런데 이 기압에도 사는 생명체가 있다.

공기는 물에 비해 질량이 1/800로 기압도 약 1/800이다. 히말라야에서는 5,000 m급 고지대에 사는 사람도 있다. 히말라야의 야크는 오히려 산 아래로 내려오면 힘을 쓰지 못한다. 고산지대에 최적화된 동물이기 때문이다. 마치 염소를 키울 때 비탈면에 키워야 하는 것과 같다. 염소는 비탈면에 최적화되어 평지에서는 잘 자라지 못한다.

만일 수심이 지구에서 가장 깊은 깊이의 10배인 100 km라면 어떻게 될까? 수압이 약 1만 기압인데 이때는 물 분자가 정렬하게 된다. 초고압의 상태에서는 물이 마치 투명한 고체 같은 액체 상태를 유지한다고 한다. 즉 형태를 이루어 전체적으로 결정 모양을 가진 얼음 같은 물이 된다. 이를 '아이스7'이라 부른다는데 지구에는 존재하지 않는다. 하지만 목성의 위성인 유로파의 바닥에 이르면 결정구조를 이룬 물을 만날 수 있다. 그런데 수심 100 km를 내려갈 수 있는 잠수정이 있을까? 만들어야 할 것이다. 무슨 재료로 만들면 될까? 물로 만들면 된다.

22

토성의 최대 위성, 타이탄

망원경으로 달을 보면 달의 분화구가 보인다. 화성을 보면 희미하게나마 화성의 표면이 보인다. 화성의 위성을 보면 표면에 충돌로 인한 수많은 크레이터가 보인다. 그런데 토성의 최대 위성인 타이탄은 표면이 보이지 않는다. 망원경으로 아무리 들여다보아도 안 보인다. 금성도 표면이 짙은 기체로 덮여 있어서 망원경으로 보이지 않는데 금성은 이산화탄소였다. 그리고 뜨거워 표면에 액체가 없다. 보이지 않는 것은 궁금하다. 보고 싶다. 그것이 인간이고 과학 발전의 원동력이다.

태양계에서 가장 큰 위성이 목성의 가니메데고 두 번째가 토성의 타이탄인데 모두 행성인 수성보다 크다. 가니메데는 표면이 보인다. 얼음의 존재가 추정된다. 타이탄이 안 보이는 이유는 짙은 오렌지색 가스로 덮여 있기 때문이다. 단, 타이탄 궤도에서 내려다보면 타이탄 표면이 희미하게 보인다. 타이탄은 영하 180 ℃ 정도로 극히 추우므로 가스가 액화될 가능성이 높고, 따라서 타이탄 표면에 액체가 존재할 가능성도 커진다.

타이탄의 밀도는 1.88 g/cm^3로 지구의 약 1/4이다. 이렇게 가벼운 이유는 중앙의 아주 작은 핵을 제외한 대부분이 물과 얼음으로 되어 있다는 뜻이다. 메탄은 물보다 가볍기 때문에 표면에 떠 있는 것이고 그 메탄 아래에는 얼음과 물로 된 거대한 바다가 있을 것으로 추정된다.

대기는 무려 98 %가 질소다. 대기가 무겁고 진하여 대기압이 지구의 약 1.5배다. 밀도가 작다 보니 중력도 작아 지구 중력 가속도의 14%에 불과하다. 참고로 토성은 태양계에서 유일하게 물보다 밀도가 작은 행성으로 만일 물에 띄울 수 있으면 배처럼 뜰 것이다.

행성은 크기가 천왕성 정도로 커지면 주변 물질을 빨아들여 기체 행성이 된다. 기체 행성은 지구 같은 암석으로 된 지각이 없다. 반면에 위성은 가스로 구성되어 있어도 대형 기체 행성이 아니므로 내부는 암석이다. 그리고 지구처럼 액체와 기체가 존재할 가능성이 크다.

인간의 호기심은 우주선을 타이탄 표면에 착륙시켰다. 2004년에 미국의 무인 우주선 카시니호가 보낸 호이겐스라는 착륙선이 지구를 출발한 지 7년 만에 타이탄 표면에 착륙하여 사진을 보내왔다. 낙하산으로 하강하면서 보니 지구처럼 번개가 쳤다. 화성은 표면이 보이므로 어디에 착륙시킬지 미리 입력할 수 있었다. 하지만 타이탄은 표면이 안 보이므로 호이겐스를 어디에 착륙시켜야 할지 알 수 없었다. 아무 데나 착륙하라고 내려 보냈는데 다행히 육지에 착륙했다고 한다.

표면에 내려가 보니 산이 있고, 강이 흐르고, 호수가 있고, 비가 내리고, 지구와 비슷했다. 둥근 돌은 액체의 침식에 의한 것으로, 이 또한 지구와 비슷했다. 그런데 지구와 한 가지 큰 차이가 있었는데, 지구 표면보다 평균 온도가 무려 200℃나 낮아, 지구는 표면이 물의 세계이지만 타이탄은 메탄의 세계라는 것이었다. 메탄가스는 태우면 열이 나므로 무한한 연료가 있는 셈이다. 그 많은 메탄이 어디서 왔는지는 수수께끼다. 지구에서는 유기물이 부패할 때 생긴다. 타이탄은 중력이 약해 바람이 불지 않으므로 메탄의 바다에 파도가 치지 않는다. 메탄의 바다는 그리 깊지 않다.

학자들은 지금의 타이탄의 모습이 초창기의 지구와 비슷한 모델이라고 생각한다. 지구도 25억 년 정도 이전에는 대기에 산소보다 메탄이 많았다. 온도와 환경은 다르지만 대기와 유기체를 구성하는 원소인 많은 탄소의 존재는 생명 탄생 직전의 지구와 비슷하다는 것이다. 최근에는 표면에 용암이 흐른다는 의견이 제시되기도 했다.

타이탄은 태양계에서 지금까지 지구 외에 표면에 강과 바다가 관측된 유일한 천체다. 구성 성분이 물이 아닐 뿐 지형은 지구와 아주 비슷하다. 만일 생명이 존재한다면 얇은 메탄의 바다가 아니라 그 아래의 거대한 물의 바다에 있을 것이다.

앞으로 50억 년이 지나면 태양이 적색 거성으로 진화하여 내행성은 모두 녹아 버릴 것이다. 그러면 외행성의 위성들이 모두 표면에 물이 액체로 존재하는 골디락 존으로 들어가 살기 좋은 환경이 될 것으로 기대된다. 특히 타이탄은 표면의 메탄층이 녹아 증발한 후에 내부의 바다와 육지가 드러날 것으로 예상된다.

23

토성의 물 위성, 엔셀라두스

우주에서 가장 많은 원소가 수소고 다음이 헬륨이다. 그리고 주기율표의 앞 순위가 주로 많다. 따라서 수소와 산소가 화합하여 만드는 물은 우주에서 가장 풍부한 액체다.

토성의 위성인 엔셀라두스(Enceladus)는 크기가 500 km에 불과한 작은 위성이나 아주 오래전인 18세기에 발견되었다. 그 이유는 아주 밝기 때문이다. 마치 우주의 거울 같다. 일반적으로 암석인 경우 태양 빛을 받아 일부는 흡수하고 일부는 반사한다. 그런데 거울처럼 모두 반사하는 경우는 표면이 암석이 아닌 경우이고 높은 가능성 중의 하나가 얼음인 경우다.

토성에는 [그림]처럼 고리가 있는데 그 고리 안에는 위성이 없다. 흔히 '로시 한계(Roche limit)'라 하는데 그 안에 들어온 행성이나 위성은 모성의 중력이 만드는 강한 조석력 때문에 부서져 버린다. 토성의 고리는 그렇게 부서진 위성들의 잔해다. 태양의 로시 한계가 대략 수성 거리다. 수성 안쪽에 행성이 존재할 수 없는 이유다. 그리고 로시 한계를 벗어나면 점차 중력의 영향이 작아진다.

작은 위성이 강력한 토성의 조석력을 받다 보니 원형이 아니라 타원형이다. 강한 조석력을 받는다는 것은 내부가 뜨거울 가능성을 내포한다. 오죽하면 위성이 구가 아니라 타구가 되었을까? 엔셀라두스는 토성의 가장 바깥 링인 E 링의 가운데에 있다. 부서지지 않고 살아남은 것이 신기하다.

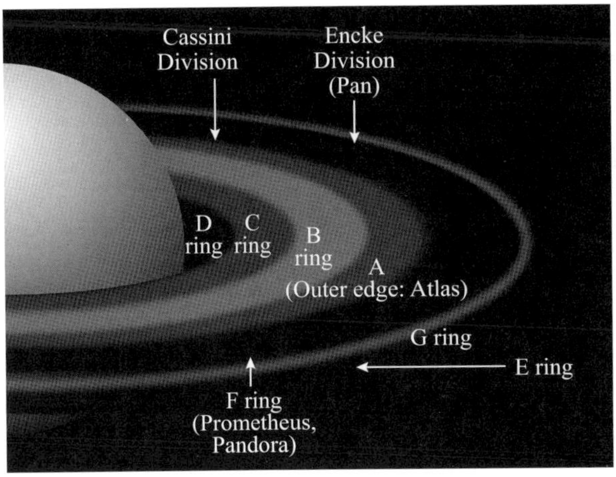

[그림] 토성의 고리들. E 링이 가장 바깥에 있다. 고리들 중앙의 가장 큰 틈을 카시니 간극이라 한다.

카시니 우주선이 촬영한 토성의 위성 엔셀라두스의 표면을 보면 크레이터가 많은 부분과 적은 부분이 있는데 적을수록 새로운 부분이다. 구형이 아니라 토성의 중력에 의하여 약간 쭈그러진 타구형이며, 남쪽에 '호랑이 줄'이라고 부르는 4개의 큰 파란 줄무늬가 있고 그 지하가 바다다. 엔셀라두스의 내부는 두께 40 km로 추정되는 얼음으로 덮여 있고 그 남쪽 내부에 바다가 있는데 면적이 남한의 80 % 정도로 추정된다.

표면이 물이라는 또 하나의 증거는 표면에 운석이 충돌한 크레이터가 별로 없다는 것이다. 이는 표면이 최근에 만들어졌다는 뜻인데 녹았다 얼었다 하면서 표면의 오래된 흔적이 지워지는 경우다. 남극의 줄무늬(호랑이 줄)는 얼음이 갈라져 수증기가 새어 나오는 곳으로 추정된다. 호랑이 줄이 있는 남쪽에서 거대한 수증기가 남극 하늘로 분출되는 모습이 찍혔는데 그 이유는 남극이 적도보다 온도가 높기 때문이다. 수증기가 나온다는 것은 따뜻하다는 뜻이고, 그러면 생명체의 존재 가능성도 높아진다. 체온계가 42 ℃까지밖에 없는 이유는 그 이상이 되면 몸속의 효소 미생물이 죽어 생명을 유지할 수 없기 때문이다. 따라서 생명체는 적당한 온도가 필요하다.

언뜻 생각하면 태양 빛을 많이 받는 적도가 뜨겁고 적게 받는 극지방이 추울 것 같으나 토성의 위성 정도의 거리에서는 태양 빛이 얼마 안 되어 적도냐 극지냐는 큰 차이가 없다. 여기서의 주된 열원은 토성의 중력으로 토성으로부터의 거리다. 엔셀라두스의 표면 온도는 영하 200℃ 정도라 하는데 태양계 위성들은 대부분 표면 온도가 영하 200℃ 근처다.

목성의 물 위성인 유로파 역시 목성의 중력 때문에 열을 가지고 있으며, 바다 밑바닥이 뜨겁고 위는 차가울 것이라는 의견도 나왔다. 이른바 열전지다. 지구도 원인은 다르나 그런 곳이 있어서 바다 밑바닥에서 열수가 뿜어져 나오기도 한다.

학자들은 외계 생명체 탐사 장소로 유로파보다 엔셀라두스를 더 선호한다. 그 이유는 유로파는 수십 킬로미터, 아니 그 이상의 얼음을 뚫고 들어가야 하나, 엔셀라두스는 내부의 물질을 표면 밖으로 뿜어내므로 속으로 들어갈 필요가 없기 때문이다. 그냥 표면에 쌓인 눈만 한 주먹 떼서 성분만 분석하면 생명체 존재 여부를 바로 알 수 있다고 한다. 지구상에서도 아무 눈이나 한 스푼 떠서 현미경으로 보면 생명체가 있다.

문제는 인간의 과학 기술 수준이다. 현재의 수준은 행성 간 이동(inter-planet mover, 광속의 1/1,000보다 늦은 운송수단) 수준이다. 빛이 하루 가는 1광일도 안 되는 거리도 제대로 못 가고 있다. 언젠가는 광속으로 항성 간 이동이 가능한 '인터스텔라 무버'(광속 수준의 운송수단)를 개발할 수준에 이를 것이다. 그리고 마침내는 광속보다 훨씬 빠른 운반체를 개발하여 은하계 사이의 여행을 가능하게 하는, 즉 수십만 광년의 거리를 단 몇 년에 가는 '인터갤러틱 무버'(광속보다 1,000배 이상 빠른 운송수단)를 만들어 낼 것이다. 과학 기술 수준은 극한 능력에 비례한다. 온도로는 나노 켈빈에 이르렀는데, 속력으로는 아직 광속의 1만분의 1에 불과하다.

24

해왕성의 위성, 트라이턴

태양계 8개의 행성들 중 가장 외곽에 있는 행성이 해왕성(海王星, Neptune)이다. 푸른 바다색을 띠어 해왕성이라 이름 붙였다. 태양과의 거리가 지구의 약 30배다. 태양계에서 해왕성까지의 거리는 태양계 반지름의 약 $1/10^5$로, 원자에서 핵이 차지하는 비율과 비슷하다. 태양을 한 바퀴 도는 데 지구 시간으로 165년이다. 태양도 은하계 중심부를 공전하기 때문에 행성의 공전이라는 것은 타원형이 아니고 타원을 그리며 앞으로 나아가는 나선형 공전이다.

해왕성은 천왕성보다 크기는 약간 작으나 질량은 약간 크다. 천왕성은 행성들 중 천체 역학 계산을 통하여 먼저 예측된 후에 망원경으로 찾은 행성이다. 해왕성 밖은 카이퍼 벨트인데 명왕성도 여기에 있다. 그리고 천왕성과 해왕성은 카이퍼 벨트의 소천체들의 궤도에 영향을 미친다고 보고 있다. 명왕성이 항상 해왕성의 외곽을 공전하는 것은 아니다. 명왕성의 공전 궤도는 심하게 찌그러진 타원이라 때로는 해왕성 안쪽을 공전하기도 한다.

해왕성의 반지름은 지구의 약 4배로 기체 행성이다. 기체 행성이라고 해서 전체가 기체로 이루어졌다는 것은 아니고 중심에 고체로 된 핵이 존재한다. 행성이 표면에 고체 부분을 가지려면 반지름이 지구의 2배 이내여야 한다고 생각되고 있다. 물론 딱 잘라서 경계가 존재하는 것은 아니다. 그리고 고체 행성과 기체 행성 사이에 액체 행성이 존재할 가능성도 있다.

액체 행성이란 표면의 90 % 이상이 물로 덮인 행성이다. 참고로 지구는 70 %다.

지금까지 발견된 해왕성의 위성들은 10개가 넘는데 최대 위성인 트라이턴(triton, 트리톤)은 반지름이 1,000 km가 넘어 특별히 크다. 그 이유는 다른 위성들과 근원이 다르기 때문이다. 행성들은 모두 태양과 같은 방향으로 공전한다. 다 태양계가 만들어질 때 형성되었기 때문이다. 위성도 대부분은 그러한데 일부 위성이 반대로 공전하는 경우가 있다. 이것은 지나가던 천체가 행성에 잡힌 것인데, 지나가던 천체를 잡을 정도의 중력을 가지려면 거대 기체 행성이어야 한다. 해왕성의 트라이턴 외에 목성과 토성의 위성들 중에 역공전 위성이 있는데 이것들이 지나가다 잡힌 것들이다. 하지만 트라이턴만큼 크지 않다.

해왕성의 최대 위성 트라이턴은 해왕성의 조석력에 의하여 온도가 올라가 일부 지역은 예상외로 따뜻할 것으로 추정된다. 하지만 표면 전체의 평균 온도는 다른 대부분의 위성들처럼 영하 200 ℃다. 밀도가 물의 약 2배로 작아 표면 탈출속력도 1.455 km/sec로 아주 작다.

그러면 트라이턴이 어디서 왔을까? 아마도 본래는 카이퍼 벨트의 소행성이 아니었을까 추정한다. 그런데 트라이턴의 궤도가 해왕성에 점차 접근한다고 한다(달은 지구로부터 멀어지고 있다). 그러면 마지막은 해왕성과 충돌하여 부서지는 것일까?

25

명왕성과 그 위성인 샤론

명왕성이 행성에서 탈락하여 왜행성으로 분류된 이유는 천체 관측 기술의 발달로 명왕성 바로 외곽의 카이퍼 벨트에서 명왕성보다 큰 소행성들이 속속 발견되었기 때문이다. 명왕성은 궤도가 심하게 찌그러진 타원형이라 종종 원형에 가까운 타원 궤도를 도는 해왕성의 안쪽 궤도를 돌기도 한다.

이 글의 제목을 "명왕성과 그 위성인 샤론"이라고 했으나 엄밀히 말하면 틀렸다. 지구가 태양을 돈다는 말은 맞는데 엄밀히 말하면 태양과 지구의 무게중심을 둘이서 도는 것이다. 그런데 태양에 비하여 지구는 아주 작아 그 무게중심이 태양 속에 있기 때문에 지구가 태양을 돈다는 표현이 틀리지 않는다. 하지만 만일 지구가 태양과 비슷하다면 무게중심은 태양 속이 아니라 밖에 있게 된다.

명왕성은 반지름이 거의 1,200 km이고 질량은 달의 20 %에도 못 미친다. 명왕성의 여러 위성들 중 샤론(Charon, 카론)은 반지름이 600 km로 모행성의 크기에 비하여 지나치게 큰데 이는 생성 과정이 일반 위성들과 다르다는 뜻이다. 명왕성 주변을 지나가던 소행성이 명왕성의 중력에 잡힌 것이 아닌가 생각된다. 이렇게 크다 보니 명왕성과 샤론의 무게중심이 명왕성 속에 있지 않고 [그림]처럼 우주 공간에 있다. 따라서 둘이 무게중심을 돈다고 해야 정확하다. 즉 명왕성과 샤론은 행성과 위성의 관계가 아니라 현재까지 발견된 태양계 유일의 쌍행성계(binary planet)다.

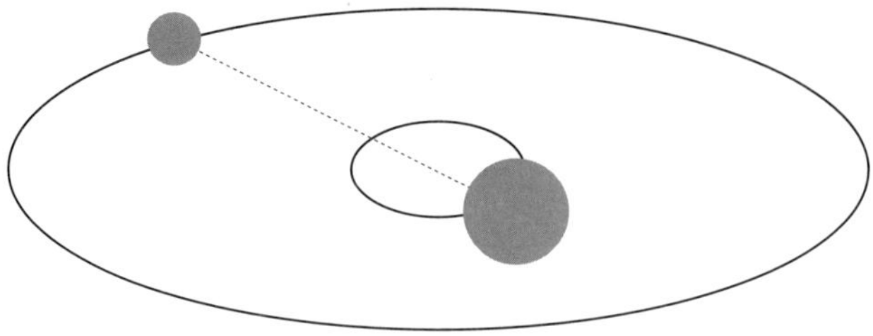

[그림] 쌍행성계의 운동. 작은 궤도를 도는 명왕성과 큰 궤도를 도는 샤론의 궤도 모형. 서로 반대편에 위치하여 각각 원을 그리며 돈다.

명왕성과 샤론은 둘 다 밀도가 2 g/cm^{2}가 약간 못 된다. 이는 상당 부분이 얼음으로 구성되어 있다는 뜻이다. 명왕성은 표면 탈출속력이 약 1,200 m/sec로 마하 4의 속력이면 탈출할 수 있고, 샤론은 그 절반에 불과하여 탈출이 쉽다. 명왕성은 대기가 거의 없으며 샤론은 아직 알려지지 않았다.

26

우주 문명의 3단계

미치오 카쿠(Michio Kaku)[26]라는 미국의 이론 물리학자가 우주에서는 문명 발전 단계를 다음처럼 크게 3단계로 구분한다고 했다. 21세기 지구 문명은 어디에 속하는지 보자.

1단계: 다른 행성의 에너지를 사용하는 단계
문명이라고 명함을 내미는 단계다. 예를 들면 우리가 토성의 위성인 타이탄의 메탄가스를 연료로 사용하는 정도의 기술을 가진 단계를 뜻한다. 문명의 거리가 1광년 정도다.

2단계: 다른 항성계의 에너지를 사용하는 단계
문명의 중간 단계다. 태양계를 벗어나 수십 혹은 수백 광년 떨어진 다른 항성계에 가서 그곳의 에너지를 사용하는 단계를 뜻한다. 영화 〈인터스텔라〉에 나오는 정도의 기술을 가진 단계다. 문명의 거리가 1천 광년 정도다.

3단계: 다른 은하계의 에너지를 사용하는 단계
최고로 발전한 단계다. 예를 들어 농담에나 나오는 안드로메다 성운[27]에 가서 그곳에 속한 항성이나 행성의 에너지를 사용하는 단계다. 문명의

26 1947년 미국 캘리포니아에서 출생한 미국의 물리학자. '미치오'는 일본식 이름이고 '카쿠'는 티베트계 성인데, 선조가 티베트에서 일본을 거쳐 미국으로 이민을 왔다고 한다.

거리가 1백만 광년 정도다.

결국 지구인은 아직 1단계도 못 되는 0단계(자신의 행성 에너지를 사용하는 단계)로, 아직 문명이라고 부르기도 어려운 수준이라는 것이다. 도대체 몇 년을 더 진화해야 3단계에 이를 수 있을까?

---

27 지구가 속한 은하계에서 250만 광년밖에 안 떨어진 가장 가까운 은하계로, 약 30억 년 후에 두 은하계가 충돌하여 하나로 통합된다는 견해도 있다. 하지만 워낙 먼 거리라 충돌하여 통합되어도 지구에서는 아무런 변화도 느끼지 못할 것이다.

27

태양계의 이웃 별, 알파 센타우리

태양계는 얼마나 클까? 태양에서 가장 가까운 별은 무엇일까? 태양에서 4.3광년을 가면[28] 가장 가까운 항성계인 알파 센타우리(Alpha Centauri)[29]라는 3성계를 만난다. 3성계는 흔치 않은데, 태양 정도 되는 별 2개가 서로의 무게중심을 중심으로 공전하고, 아주 외곽에 적색 왜성이 이 둘의 무게중심과 자신의 무게중심을 중심으로 다시 공전한다. 거리가 가까워 지구에서 태양계 밖의 별들 중 세 번째로 밝게 보인다.

크기를 보면 [그림 2]처럼 알파 센타우리 A는 태양보다 조금 크고, 알

[그림 1] 태양의 이웃 별인 알파 센타우리의 위치. 남반구에서 남십자성 옆에 있다. 북반구의 북두칠성에 해당하는 남반구 별자리가 남십자성이다.

28 현재의 우주선으로는 1광년 가는 데 대략 1만 년이 걸린다.

29 남반구에서만 보인다.

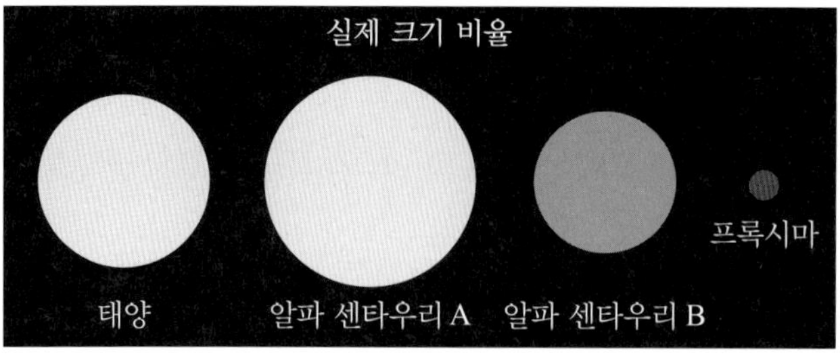

[그림 2] 태양과 알파 센타우리 3성계의 실제 크기 비교.

파 센타우리 B는 태양보다 조금 작고, 알파 센타우리 C는 프록시마(proxima)라 불리는 적색 왜성으로 밀도는 앞의 두 별보다 크지만 크기는 아주 작다. 프록시마는 눈으로 보이지 않는데 두 별로부터 무려 0.2광년 떨어져 있다. 같은 항성계 내에서 별 간 거리 0.2광년은 너무 멀어서 일부 학자들은 그냥 옆을 지나가는 별이 아닌가 하고 생각하지만 다른 항성계로 보기에는 0.2광년은 반대로 너무 가깝다.

알파 센타우리 3성계에서 두 주성의 공전 주기는 약 80년이고, 프록시마의 공전 주기는 수백만 년이다. 중력권은 일반적으로 단성계보다는 쌍성계가, 쌍성계보다는 3성계가 크기가 크기 때문에 알파 센타우리 3성계의 중력권은 단성계인 태양의 중력권보다 훨씬 크다고 추정된다.

태양계의 반지름은 태양의 중력이 작용하여 이 영향을 받는 물질들이 존재하는 범위로 보기 때문에 두 항성계 사이의 거리인 4.3광년의 절반이 다소 못 되는 1~2광년 정도로 추산한다. 태양에서 지구가 8광분(빛이 8분 가는 거리)이므로 태양계는 어마어마하게 큰 것이다. 지구는 거의 태양계 중심에 위치한다.

다음은 알파 센타우리에 행성이 있느냐가 문제인데 B성에 지구 크기의 행성이 하나 있는 것으로 추정된다. 그런데 공전 주기가 단 3일에 불과하여 거의 모성에 붙어 공전하기 때문에 표면 온도가 약 1,000℃로 쇠가 녹는다. 행성이든 위성이든 모성에 너무 가까우면 모성의 조석력 때문에 파괴되기 쉽다.

현재의 망원경 기술로는 지구보다 작은 행성은 찾기가 쉽지 않다. 하지만 앞으로 관측 기술이 더 발전하면 또 다른 작은 행성이 발견될 가능성도 있다. 최근에는 프록시마에 지구 크기의 작은 행성이 있다는 소식도 들린다. 프록시마 b라고 이름 붙였다.

알파 센타우리 다음이 12광년 이내에 존재하는 22개의 항성계다. 통상 12광년 이내가 이웃 별이라고 하는데 머지않아(?) 왕복 여행이 가능하다는 뜻이다. 이 구역에는 생명체가 존재할 가능성이 있는 것으로 추정되는 행성들과 위성들이 있다.

28

케플러 망원경을 이용한 외계 행성 탐사

우리 태양이 포함된 성단을 은하계 혹은 갤럭시라고 하는데 은하계에는 약 1천억 개의 별이 있다. 그리고 우주에는 그런 성단이 다시 1천억 개가 있다. 우리가 하늘을 바라보았을 때 보이는 별은 99.99…… %가 항성이다. 행성이나 위성은 태양계에 있는 것만 일부가 보일 뿐이다. 우리는 항상 궁금하다. 태양계 밖에도 지구처럼 생명체가 있을까? 고등 생명체가 사는 곳도 있을까?

생명체가 살 수 있는 곳은 행성이나 위성이다. 그런데 지구에서 망원경으로 태양계 밖의 행성이나 위성은 볼 수 없다는 것이 문제다. 그래서 미국 항공 우주국이 2009년에 케플러 망원경이라는 혁신적인 망원경을 만들어 우주에 올렸다. 이 망원경은 빛의 세기를 측정하는 데 100만분의 1의 변화도 읽어 내는 정도로 정밀하다. 이 망원경으로 가까운[30] 별들을 보니 밝기가 주기적으로 미세하게 변하는 것이었다. 이는 별 앞을 행성이 지날 때 [그림 1]처럼 행성의 그림자에 가려 별의 밝기에 1 % 이내의 극미한 변화가 생기는 것이다.

이 미세한 밝기의 변화가 [그림 2]처럼 두 가지로 일어나면 행성이 2개

30 케플러 망원경으로 보는 거리는 약 1,000광년 이내인데, 1,000광년이면 대략 현재의 우주선으로 1,000만 년 가는 거리다.

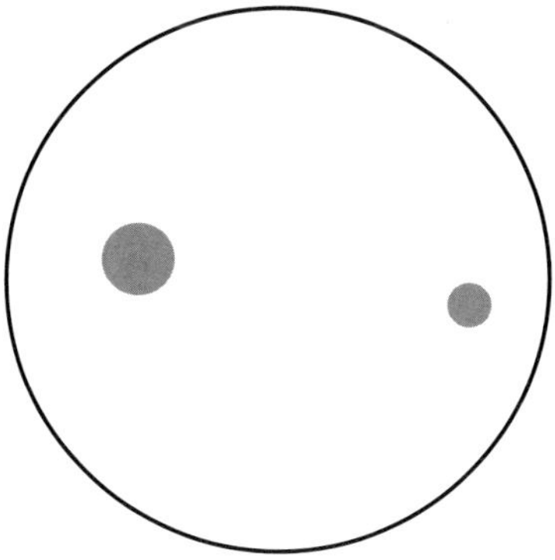

[그림 1] 별 주위를 두 개의 행성이 공전하며 지나가는 모습. 별의 밝기가 주기적으로 미세하게 어두워지면 행성이 별 앞을 지나가는 것이다.

인 것이다. 그래서 지금까지 1,000개 이상의 외계 행성이 발견되었는데 대부분의 별은 우리 태양계처럼 행성계를 가지고 있었다. 이로 미루어 기체 행성들은 대부분 위성을 가지고 있을 것이라는 것도 추정할 수 있다.

지구가 태양을 도는 것은 엄밀히 말하면 태양과 지구의 무게중심을 둘이서 도는 것이다. 하지만 지구가 무시할 만큼 작아서 무게중심이 태양 내부에 존재한다. 따라서 행성이 공전해도 항성이 흔들리는 것은 보기 어렵다. 그런데 만일 목성만큼 큰 행성이 태양보다 작은 모성 주위를 바짝 붙어 돈다면 모성도 흔들리게 된다. 이것이 항성이 보여 주는 떨림(워블, wobble)의 원인이다.

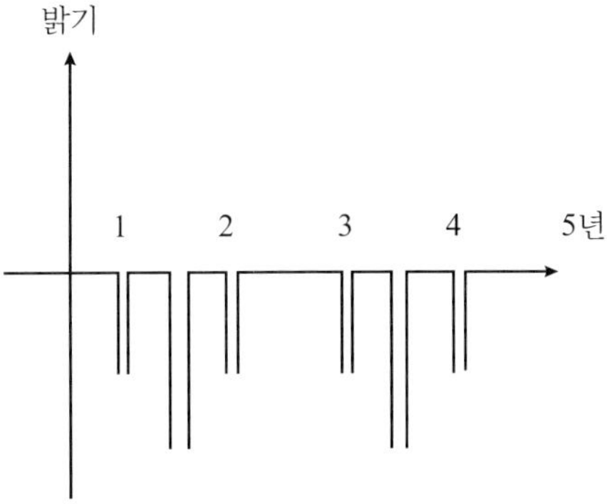

[그림 2] 어느 별의 밝기를 측정했는데 그림처럼 주기적으로 밝기가 감소하는 변화가 발생했다면 주기 1년인 작은 행성과 주기 2년인 큰 행성이 별 주위를 공전하는 것이다. 크기가 클수록 더 많이 가리므로 주기 2년인 행성이 더 크다.

만일 별의 밝기가 1 % 이내의 작은 변화가 아니라 20 % 정도로 크게 변한다면 이것은 일반적인 행성이 아니라는 뜻이다. 1,500광년 떨어진 백조자리(Cygnus, Swan) KIC 846−2852라는 별은 태양의 2배 정도 되며 쌍성계인데, 무엇인가가 별빛의 15 %와 22 %를 각각 한 번씩 가렸다고 한다. 큰 중력을 가진 물체라면 모성이 떨리는 워블 현상이 발생해야 하는데 그렇지 않았다고 한다. 만일 태양 앞을 혜성 떼가 통과한다고 하여 태양빛이 20 %나 줄어드는 일이 생길까? 안 생긴다. 1 %도 못 가린다. 그러면 도대체 무엇이 별빛을 20 %나 가렸을까?

지구를 이해하는 것이 우주를 이해하는 출발점이다. 지구 과학이 우주 과학의 첫 장으로, 지구를 정확히 이해하는 것이 우주를 정확히 이해하는 것이다. 지구 같은 생명체가 존재하려면 물이 있어야 하는데, 온도 때문에 자신의 별로부터 일정한 거리 영역 구간 속에 있어야 한다. 이를 지구 생명체 기준으로 '거주 가능 구역'이라 한다.

태양의 거주 가능 구역 안에는 금성, 지구, 화성의 세 개의 행성이 있다. 하지만 중간에 위치한 지구에만 생명이 있으므로 1/3의 확률이다. 또 거주 가능 구역 이내에 존재하여도 지름이 지구의 2배 이내여야 한다. 지름이 2배 이상 크게 되면 중력으로 주변의 가스를 끌어들여, 지구 같은 암석 행성이 아니라 목성이나 토성 같은 기체 행성이 되고 만다. 그러나 2배라는 것도 추정치다. 천왕성과 지구의 중간 적정한 경계 크기에는 액체 행성도 가능하다. 액체 행성이란 지구의 지각 정도에 해당하는 부분이 대부분 액체라는 뜻인데, 태양계에서는 유로파가 액체 위성으로 추정되고 있다.

지름이 너무 작아도 안 된다. 액체가 없이 고체만으로 구성되었을 가능성이 있고, 또 지름이 작으면 중력도 작아서 행성 표면의 물체를 충분히 붙잡을 수 없다. 자기장도 있어야 별에서 오는 미립자를 막을 수 있다. 별의 미립자들이 행성에 쏟아지면 행성 표면에는 생명체가 살기 어렵다. 이 외에도 많은 조건이 필요하다. 단, 지구 같은 생명체라는 가정에서다. 만일 지구 같은 생명체가 아니라면 이런 가정도 필요 없다.

그런데 별들의 약 20 %가 거주 가능 구역에 속하는 행성을 하나 이상 가지고 있었다. 이렇게만 따져도 지구 생명체 기준으로 거주 가능한 행성의 숫자는 어마어마하다. 즉 은하계 내부에만 수백억 개의 거주 가능한 온도를 가진 행성이 존재한다는 것이다. 우주 전체를 따지면…… 거의 무한대다.

물론 이는 위성은 제외한 숫자다. 위성의 존재는 아직 확인할 수 있는 기술이 없기 때문에 모르지만, 태양계 같은 것이 아주 흔한 것이라면 이들 외계 행성들도 상당 부분 위성을 가지고 있을 것으로 추정한다. 열은 별로부터만 오는 것이 아니고 중력의 상호작용도 열을 만들기 때문에 위성에도 생명체가 존재할 수 있다. 예를 들어 목성의 위성인 이오는 태양으로부터 아주 멀리 떨어져 있음에도 불구하고 화산활동을 하는 등 뜨거운데 목성의 중력이 이오를 주물럭거리기 때문이다. 필자는 행성보다 위성에 생명체가 존재하는 경우가 훨씬 많을 것으로 본다.

학계는 외계 생명체의 발견을 시간문제로, 10년 이내로 보고 있다. 하지만 고등 생명체의 발견은 아직 논란거리다. 행성이 꼭 오래되었다고 해서 고등 생명체가 나타나는 것은 아니기 때문이다.

29

오르트 구름과 태양계의 크기

지구에서 태양까지의 거리를 1천문단위라 하고 1 AU(Astronomical Unit, 1억 5,000만 km)라 쓴다. 태양계의 구조는 중앙에 태양과 8개의 주 행성이 있다. 목성은 약 5 AU에, 마지막 행성인 해왕성은 약 30 AU의 거리에 위치해 있다. 여기까지가 태양계의 핵이다. 1977년에 발사된 미국의 우주선 보이저 1호가 핵을 벗어났다고 한다.

명왕성으로부터 시작되는 카이퍼 벨트는 태양으로부터 약 30 AU로부터 100 AU 사이에 있다. 이를 토성의 고리에 빗대어 '태양계의 고리'라고도 한다. 카이퍼 벨트 외곽에는 오르트 구름 지대(Oort cloud)라고 하는 영역이 있어서 수많은 작은 천체들이 흩어져 있다. 그 범위는 대략 100 AU부터 10만 AU로서 태양계의 대부분을 차지한다. 현재까지 알려지기로는 태양계의 범위가 여기까지다.

1광년이 약 63,000 AU이므로 태양계 반지름은 2광년이 조금 못 된다. 현재의 우주선은 1광년 가는 데 약 1만 년이 걸리므로 현재의 우주선이 태양계를 벗어나려면 약 2만 년이 걸린다는 뜻이다. 태양계에서 8개 행성계가 태양계 전체 부피의 약 $1/10^{12}$이며, 카이퍼 벨트까지의 부피는 약 $1/10^{9}$이다. 결국 태양계란 중앙의 태양과 주변의 오르트 구름으로 구성된 천체라고 해도 틀린 말이 아니다.

태양계의 경계는 가장 가까운 항성인, 4.3광년이 떨어진 알파 센타우리로도 추정이 가능하다. 알파 센타우리와 태양의 중간선에서 크기가 더 작은 태양계 쪽으로 약간 치우친 지점이, 즉 태양에서 2광년이 조금 못 되는 지점이 대략적인 경계다.

태양계 부피의 대부분을 차지하는 오르트 구름은 스스로 빛을 내는 천체가 아니기 때문에 관측이 어려워 알려진 것이 거의 없다. 혜성은, 오르트 구름 내부의 천체가 서로 충돌하는 등의 중력 변이에 의해 궤도를 이탈하여 태양계 중앙으로 들어오는 것이라고 알려져 있다. 즉 오르트 구름은 혜성이 만들어지는 곳이다.

오르트 구름 내부에는 무엇이 있을까? 수많은 작은 얼음과 돌덩이들만 있을까? 아니면 큰 행성도 있을까? 지구상의 생물체 화석들은 약 2,600만 년마다 대멸종을 보인다. 그 이유는 소행성이나 혜성들이 태양계 내부를 향하여 쏟아져 들어와서 지구와 충돌하기 때문이다. 그렇다면 오르트 구름 내부에 여러 소천체들을 중력으로 흔들 만한 그 무엇이 존재한다고도 볼 수 있다. 참으로 궁금하다. 그러니 X 행성(Planet X), 니비루(Nibiru), 타이케(Tyche), 헤르콜루부스(Hercolubus) 등등 여러 가지 천체에 대한 추측이 나오고 있다.

태양계뿐만 아니라 다른 항성계도 기본 구조가 태양계와 유사할 것으로 추정된다. 모성과 항성계가 중심에 있고 주변에 거대한 소천체들로 이루어진 영역이 감싸고 있는 것이다. 만일 오르트 구름에 거대 행성이 존재한다면 다른 항성계도 마찬가지일 가능성이 있다.

30

시리우스의 주성과 동반성

북반구의 하늘에서 태양계를 벗어나 가장 밝게 보이는 별이 시리우스(Sirius)다. 시리우스는 큰개자리에 위치하여 천랑성(天狼星) 또는 큰개자리의 알파라고 부르며, 밝기는 −1.5등급이다.[31] 거리는 8.5광년으로 태양계에서 아주 가까운 별이다. 통상 20광년 이내는 광속 로켓으로 왕복이 가능한 아주 가까운 거리다.

고대 이집트에서는 시리우스가 달력의 기준이었다. 시리우스의 위치로 1년을 계산했다. 로마에서도 4월 25일경 시리우스가 떠오를 때 신들에게 제사를 지냈다고 한다.

시리우스를 망원경으로 보면 큰 주성(Sirius A)과 작은 동반성(Sirius B)이 함께 도는 쌍성계(binary star)다. 두 별 사이의 거리는 대략 태양과 천왕성 정도인데 태양계 밖에 있으므로 붙어 있는 것이나 마찬가지로 보인다. 공전 주기는 약 50년이다. 동반성의 광도는 [그림]처럼 주성보다 약 10등급이 어두워 눈으로는 볼 수 없다. 주성의 질량은 태양의 약 2배다. 동반성은 크기는 지구와 비슷하나 질량이 주성의 약 3분의 1로 밀도가 주성의 약 30만 배에 이른다. 이런 종류의 항성을 백색 왜성이라고 하는데 시리우

31 겉보기 등급이다. 별을 10파섹(32.6광년)의 거리에 두었을 때의 등급을 절대 등급이라 한다. 2.5배 밝으면 숫자가 1씩 줄어든다. 태양은 약 −27등급이며, 거문고자리에서 가장 밝은 직녀성(베가)이 약 0등급이다.

[그림] 쌍성계인 시리우스의 망원경 관측도. 왼쪽의 큰 별이 젊은 별이고 오른쪽의 작은 별이 적색 거성 단계를 지나 줄어든 늙은 별이다. 오른쪽 작은 별은 맨눈으로는 볼 수 없다. 크기의 비는 대충 그림과 같고 질량은 3 : 1이다. 따라서 동반성은 아주 고밀도의 별이다.

스 B의 표면 중력은 지구의 5만 배나 된다.

백색 왜성이란 별이 수명을 거의 다한 경우로, 어둡고 밀도가 큰 별이다. 동반성의 질량이 다 타기 전인 수억 년 전에는 동반성이나 주성이나 크기와 밝기가 비슷했을 것이고, 그러면 시리우스는 지금보다 훨씬 밝았을 것이다. 현재에는 푸르게 보이는 시리우스를 2,000년 전 로마 시대에는 붉은 별이라고 했는데 혹시 시리우스 B가 별의 진화 단계에서 적색 거성의 마지막 상태가 아니었는가 추측된다. 시리우스 B가 적색 거성이면 시리우스 A는 안 보인다.

시리우스 B는 19세기에 발견되었다. 1834년 F.W. 베셀이 시리우스의 고유 운동이 불규칙하게 움직이는 사행(蛇行)하는 것으로부터 동반성이 있음을 예언하고, 1862년 망원경 제작자 A. 클라크가 어두운 동반성을 발견하여 쌍성계임을 확인했다. 상호 공전 주기가 약 50년임은 20세기 후반에야 정밀한 관측을 통하여 계산되었다.

그런데 7세기 초에 쓰인 코란에 이미 시리우스의 쌍성계 공전 주기가 50년임이 나온다고 한다. 이는 7세기에는 적색 거성이던 시리우스 B가 꺼져 가며 빛을 잃어 시리우스 A와 함께 보였다는 뜻으로, 항성 진화의 중간

단계가 기록된 것이다. 그러면 최초로 시리우스가 쌍성계임을 발견한 사람, 공전 주기가 50년임을 알아낸 사람은 누구로 해야 할까? 이 경우 발견자는 최초로 학계에 기록된 사람으로 한다. 피타고라스가 피타고라스 정리를 발견했다고 하지만 사실은 그 이전 수천 년 전부터 이미 사용하고 있었던 것이나 같다. 이런 일이 과학계에서는 다반사다.

31

북극성의 이동

팽이를 잘 보면 몸 자체가 축을 중심으로 빠르게 도는 동시에 축이 또 작은 원을 그리며 천천히 돈다.[32] 이를 '세차 운동(precession)'이라고 하는데 지축이 기울어진 모든 회전체에 공통적으로 나타난다. 지구도 팽이의 일종으로, 지축이 작은 원을 그리며 한 바퀴 도는 데 2만 6,000년 걸린다.

지축의 북극이 가리키는 방향 부근에 위치한 별을 북극성(Polaris)이라 부르는데, 세차 운동 주기인 2만 6,000년마다 같은 별이 북극성 자리에 들어간다. 현재의 북극성은 작은곰자리에서 가장 밝은 α성으로 400광년 떨어진 3성계다. 별 3개가 하나처럼 보이는 것이다. AD 5세기 이후에 북극성이 되었다가 앞으로 3,000년 정도 지나면 북극성 자리를 케페우스(Cepheus)자리 γ성에게 물려주게 된다.

별이 실제로 모여 있어서 같은 별자리가 아니라, 지구에서 볼 때 같은 위치에 보이면 같은 별자리가 된다. 남반구의 남십자성에 대응하는 표현으로 북십자성이라고도 불리는 백조자리는 십자가 모양을 이루는 5개의 주요 별들을 포함하여 약 10만 개의 별들로 이루어져 있다. 백조자리 α성은 데네브(Deneb)[33]로 청색 초거성인데 크기가 태양계에서 지구 궤도를 포

32 팽이의 운동은 삼각 함수의 일반화된 형태인 sn, cn, dn 등 타원 함수를 알아야 기술할 수 있다.

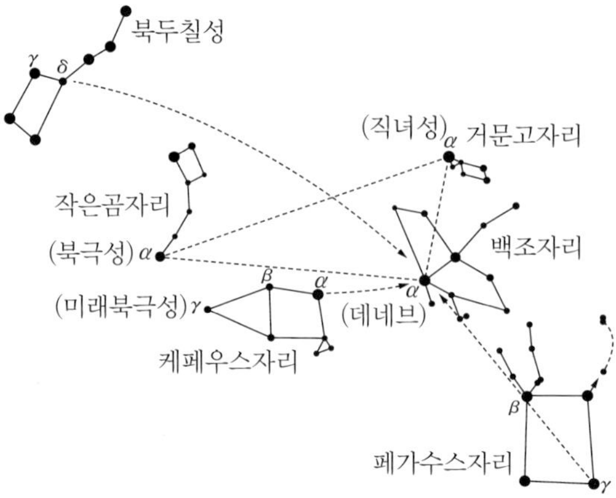

[그림] 북극성 부근의 별자리들. 북극성도 시간에 따라 바뀐다.

함한 정도까지다. 눈으로 볼 때 어떤 별자리에서 가장 밝은 별을 그 별자리의 α성이라 칭한다.

거문고자리(Lyra) α성은 서양에서는 베가(Vega)라 부르는 직녀성으로 빙하기에는 북극성이었다. 25광년 떨어진 가까운 별인데 북극 부근에서 가장 밝은 별이기 때문에 신화에 자주 등장한다. 자전이 지나치게 빨라서 위아래가 납작하고 옆으로 퍼진 타구(ellipsoid)형으로 반지름이 태양의 2.4(극 반지름)~2.8(적도 반지름)배다.[34] 행성계가 발견되었으나 나이가 5억 년밖에 안 된 어린 별이라 골디락 존에 행성이나 위성이 있어도 아직 생명체가 나타나지 않았을 가능성이 크다.

고조선 건국 시의 북극성은 용자리(Draco)의 α성인 투반(Thuban)이었는데 북두칠성과 작은곰자리 가운데에 위치하지만 [그림]의 별자리에는 없다. 반지름이 태양의 3.4배나 되는 큰 별이지만 300광년이나 떨어져 밝게 보이지 않는다.

---

33 '데네브'는 아랍어로 '꼬리'라는 뜻이다.

34 별은 클수록 핵융합 작용이 활발하여 빨리 타서 수명이 짧다.

32

뜨거운 거대 기체 행성, 핫 주피터

태양계 밖의 행성이 최초로 발견된 것은 외계 행성 탐사를 위한 케플러 망원경이 발사되기 전인 1995년경이었다. 허블 망원경으로 약 50광년 떨어진 페가수스자리의 항성을 보고 있는데 어느 항성이 흔들리는 워블 현상이 관측되었다.

모성 바로 옆에 있어서 온도가 1,000℃에 육박했고, 그 이상한 행성은 목성만큼이나 큰 거대 기체 행성인데 수성보다 훨씬 가까운 곳에 있어서 단 4일 만에 모성을 한 바퀴씩 돌았다. 한마디로 표현하면 '핫 주피터'였다. 이런 뜨거운 목성형 거대 기체 행성은 모성 가까이에 있고 크기가 커서 케플러 망원경으로 발견하기가 쉽다. 또한 이런 행성이 의외로 우주에는 아주 흔하다는 것도 알게 되었다.

처음에 핫 주피터의 발견이 보고되었을 때는 많은 학자들이 의심했다. 항성계가 만들어질 때 모성 가까이에서는 온도가 높아 얼음이 생성되기 어려워 거대한 기체 행성이 만들어질 수 없다. 따라서 거대한 기체 행성은 모성에서 충분히 멀리 있어서 온도가 낮아 얼음이 안정적으로 존재할 수 있는 곳에서 가능하다. 태양계가 한 예로 기체 행성은 다 태양에서 멀리 떨어진 외행성이다. 그렇지만 핫 주피터가 바로 옆에 존재한다는데 어찌 이해해야 할까?

결론은 다음과 같았다. 항성 주위를 공전하는 핫 주피터는 본래는 모성에서 아주 먼 곳에 있었다. 하지만 궤도가 불안정하다 보니 수십억 년 동안 공전 궤도가 조금씩 줄어들며 나선형을 그리며 모성에 끌려간 것이다. 예를 들어 태양계의 목성이 1년에 1 km씩 궤도가 줄어든다고 가정하자. 그러면 7억 년이면 7억 km를 태양을 향해 접근하게 된다. 현재 목성은 태양으로부터 약 7억 8,000만 km 떨어져 있다.

태양계 행성들의 공전 궤도는 거의 원판이므로 궤도가 줄어들며 화성 궤도를 통과할 때는 화성을 튕겨 나가게 하거나 병합할 가능성도 있다. 운이 좋으면 그냥 통과하는 것이고. 그다음 지구 궤도를 통과할 때도 마찬가지다. 잘못하면 지구가 목성에 병합되거나 항성계 밖의 우주로 튕겨 나간다. 이른바 모성 없는 떠돌이 행성(starless planet)이 되는 것이다. 그 핫 주피터는 결국은 모든 가스를 모성에 주고 마지막으로 모성과 병합됨으로써 최후를 맞는다. 이 과정이 수억 년이 걸린다.

33

요요 행성

태양계 밖의 외계 행성을 탐사하다 보니 별의별 행성들이 다 나타났다. 그 중 하나가 요요 행성이다. 태양계 내의 행성들은 거의 원에 가까운 궤도를 돈다. 따라서 계절은 태양으로부터의 거리가 아니라 자전축이 얼마나 기울어졌느냐에 따라 결정된다.

지면에서 수직으로부터 태양 고도 사이의 각이 θ라 하면 빛의 세기는 cos(θ)의 제곱에 비례한다. 여름이 더운 이유는 태양이 머리 위에서 비추기 때문이고, 겨울이 추운 이유는 태양이 비스듬히 비추기 때문이다.

그런데 외계 행성을 연구하다 보니 약 70광년 떨어진 백조자리(Cygnus)의 핫 주피터형 행성이 태양계의 혜성처럼 긴 타원 궤도를 돌고 있었다. 종래에는 대형 행성은 이런 궤도가 불가능하다고 여겨져 왔었다. 궤도가 마치 요요 장난감처럼 길게 늘어났다가 다시 돌아오고 한다고 해서 이를 요요 행성이라 이름 붙였다.

이 요요 행성에 16 시그너스(Cygnus) B라는 이름이 붙었다. 궤도가 태양계로 말하면 수성에서 목성까지의 거리를 혜성처럼 왕복하는 행성이다. 이 행성은 1년이 지구 시간으로 26달이다. 이 정도 궤도면 자전축이 기울어진 각도가 아니라 항성으로부터의 거리에 의해 4계절이 결정된다.

봄: 3달 반. 바다가 존재한다. 지구처럼 살기 좋다.

여름: 2달. 400 ℃로 바다가 증발한다. 하지만 대기 중에 수증기가 갇혀 있다. 금성처럼 구름이 짙다. 생명체가 있으면 온도 변화가 적은 땅속에 들어가 견딘다.

가을: 3달 반. 바다가 존재한다. 지구처럼 살기 좋다.

겨울: 17달. 영하 160 ℃로 바다가 얼어 얼음행성이다. 생명체가 있으면 땅속에 들어가 동면한다.

이 핫 주피터의 일종인 대형 행성은 태양계의 목성이나 토성처럼 많은 위성을 가졌을 것으로 추정된다. 그중에는 생명체가 존재할 가능성도 있다. 여름과 겨울에는 땅속으로 들어가 생존하고, 봄과 가을에만 땅 위로 나와서 활동하고 번식하는 것이다.

34

거주 가능 외계 행성

우주에 별이 몇 개나 될까? 지구와 환경이 비슷한, 인간이 거주 가능한 행성이 우주에 몇 개나 될까? 거주 가능의 정의는 표면 온도로 결정되는데 물이 자연 상태에서 액체로 존재할 수 있는 경우다. 태양을 예로 들면 거주 가능 온도 구역에 금성, 지구, 화성이 있다. 금성은 자전을 못해 온실효과로 온도가 올라가 물이 없고, 화성은 지하에 물이 얼음 상태로 존재한다고 믿어진다.

바다의 평균 온도가 50 ℃ 정도 되면 지구상에서 대부분 생물은 멸종한다. 하지만 세균은 존재한다. 반대로 온도가 영하 100 ℃이면 물이 존재할까? 표면에 두꺼운 얼음층이 형성되면 그 아래에는 물이 존재한다. 물론 물이 아닌 다른 액체에 기반을 둔 생명체도 존재할 수 있다.

수십억 년 전[35] 화성에는 지구처럼 공기도 많았고, 바다도 있었고, 기온도 따뜻했었다. 그런데 현재 화성에 생명체가 가장 살기 어려운 조건은 물보다 공기의 부족이다. 화성의 공기 압력은 대략 지구의 1 %에 불과하다. 어떤 이유로 화성의 핵이 식으며 자기장이 소멸하고 태양풍이 들이닥쳐 공기를 조금씩 우주로 씻어 냈다는 것이다. 공기가 줄어들면 우주로부터 단열효과도 줄어들어 기온도 내려가게 된다.

---

35 35억 년 전으로 추정.

그럼에도 불구하고 최근 연구에 의하면 화성과 동일한 환경을 만든 후 미생물을 넣으니 일부 미생물들이 죽지 않고 번식했다고 한다. 이 말은 만일 과거에 화성에 생명체가 있었다면 미생물들은 아직도 멸종하지 않고 화성 어디엔가 존재할 가능성이 있다는 뜻이다. 생명이란 만들어지기가 어렵지 일단 만들어지면 진화하기 때문에 웬만해서는 사라지지 않는다. 화성에 착륙한 로봇이 pH 값[36]을 한 번 측정했는데 8.3으로 약알칼리성이었다.[37] 강산이나 강알칼리가 아니므로 생명체 존재가 가능한 값이다.

우주의 지평선

우주는 얼마나 넓을까? 이 세상 끝까지 볼 수 있는 망원경으로 우주를 보면 과학적으로 어디까지 보일까? 우주는 지금도 팽창하고 있는데 멀리 있는 은하계일수록 빨리 팽창한다. 그래서 어느 정도 거리에 이르면 팽창 속력이 광속보다 빨라져 그 은하계의 별에서 오는 별빛은 영원히 지구에 도착할 수 없다. 따라서 거기까지가 우주의 한계다. 이를 우주의 지평선이라 한다.

우주에 있는 별의 개수

우리가 사는 별의 집단을 은하계라고 하는데 약 10^{11}(천억)개의 별이 있다고 한다. 그리고 이런 은하계가 다시 10^{11}개가 있다고 한다. 그런데 현재까지 관측한 것을 보면 은하계의 분포는 균일하다. 즉 어디 한 지역에 많이 몰려 있거나 반대로 적게 몰려 있는 곳이 없다는 뜻이다. 그럼 별의 개수는 10^{22}개인데 우주의 지평선 안에 있는 별만 센 것이다.

---

36 pH는 수소 이온 지수 값으로 다음처럼 정의한다. $pH = -\log[H^+]$. $[H^+]$는 수소 양이온의 리터당 몰수로 굉장히 작은 값이다.

37 바닷물 수준이다.

거주 가능한 행성의 개수

케플러 망원경으로 외계 항성계를 살펴보니 대부분의 별은 행성을 가지고 있었다. 확인된 행성들은 지구와 비슷하거나 큰 행성들이 주류였고, 작은 행성들은 크기가 모성의 빛을 가리는 정도가 약해 찾기가 어려웠다. 지금까지의 통계로 보면 항성 1개당 평균 2개의 거주 가능 행성이 있다고 한다. 망원경 기술이 더 발전하면 아직 찾지 못한 화성 규모의 작은 행성들이 무수히 나타날 것이다. 따라서 우주의 골디락 존에 위치한 행성은 적어도 별 개수의 2배 정도인 2×10^{22}개로 추정한다.

거주 가능한 위성의 개수

행성에만 생명체가 사는 것이 아니다. 대형 기체 행성들은 많은 위성들을 거느리고 있는데 이들 위성들은 태양의 열이 아니라 모행성이 주는 조석력에서 나오는 에너지를 받는다. 즉 행성이 위성을 쥐어짜는 에너지가 열로 변하는 것이다. 항성에 가까울수록 행성의 온도가 높듯이 위성들도 행성에 가까울수록 표면 온도가 높다. 따라서 대형 기체 행성들도 핫 주피터만 제외하면 거주 가능한 위성들을 가질 수 있다.

태양계를 보면 위성의 숫자는 행성의 10배가 넘는다. 따라서 거주 가능한 위성까지 포함하면 그 숫자는 엄청나게 늘어난다. 하지만 약점도 있다. 태양계에 그 많은 위성들이 있지만 아직 생명체가 발견된 위성은 없지 않느냐는 것이다. 그렇다. 우선 위성에서부터 생명체를 발견해야 한다. 필자는 오히려 행성보다 위성에 생명체가 존재하는 경우가 훨씬 많을 것으로 본다.

우주의 행성을 분류할 때 흔히 크기에 따라 세 가지 타입으로 나눈다.

지구형: 가장 작은 행성으로 지름이 지구 정도이거나 그 이하다. 고체 행성이다. 케플러 망원경으로 찾기가 어렵다. 생명체 존재 가능성이 있다.

천왕성(또는 해왕성)형: 지름이 지구의 4배 정도다. 중형 기체 행성인데 위성이 별로 없다. 행성이든 위성이든 생명체의 존재 가능성이 적다.

목성(또는 토성)형: 지름이 지구의 10배 이상이다. 대형 기체 행성으로 많은 위성을 가지고 있다. 행성은 생명체의 존재 가능성이 없으나 위성에는 존재할 가능성이 있다.

실제로는 이와 같이 행성들을 칼로 자르듯이 나누어 분류할 수 없다. 지구 정도 크기의 행성은 표면에 고체와 액체가 섞여 나타나는 지각 행성이다. 반면에 행성 반지름이 지구보다 4배 이상 크면 천왕성이나 해왕성 같은 기체 행성이 된다. 그러면 반지름이 지구의 2배에서 4배 사이는 무엇이 될까?

표면 전체가 액체로 덮인 액체 행성도 존재가 가능하다. 이런 곳은 우주선이 착륙할 땅이 없으므로 처음부터 바다에 착륙하는 장치를 가지고 가야 한다. 학자들은 지구 같은 땅과 물이 섞여 분포하는 표면을 가지려면 지름이 지구 지름의 2배 이내여야 할 것이라고 본다.

35

[영화평]

외계인 〈프레데터〉의 고향

과거 아널드 슈워제네거(Arnold Schwarzenegger)[38]가 주연한 〈프레데터〉라는 영화가 있었다. 주인공이 지구에 들어온 외계인과 싸우는 내용인데 흥행에 성공하여 속편들이 계속 제작되었다. 문명의 수준은 문명의 거리 범위에 비례하여, 문명이 더 뛰어난 쪽에서 뛰어나지 못한 쪽을 발견하는 것이 일반적이다. 유럽인과 미주 원주민 중에서 문명이 앞선 유럽인이 미주 원주민을 발견했다. 따라서 지구에 외계인이 왔다면 지구보다 뛰어난 문명을 가졌을 가능성이 높다.

〈프레데터〉에 나오는 외계인은 지구인보다 기술 문명이 뛰어났는데 어떤 행성에서 왔을까? 그의 행성에서 보는 모성, 즉 그의 태양은 어떤 별일까? 지금까지 공부해 온 우리의 외계 행성 지식으로 추정해 보자.

그 외계 종족은 중요한 특징을 하나 가지는데, 눈으로 인식하는 데 사람과 보는 파장이 다르다는 것이다. 사람은 가시광선 영역이라 불리는 대략 (자색) 400~700 nm (적색) 사이를 보는 데 비하여 그 외계인은 700 nm보다 긴 적외선 파장 영역을 보았다. 참고로 보라색인 자색 바로 바깥 영역을 '자외선'이라 부르고, 빨간색인 적색 바로 바깥 영역을 '적외선'이라 부른다.

---

38 1947년 오스트리아 출생의 미국인으로, 배우이며 캘리포니아 주지사를 지냈다.

지구에서도 일부의 뱀이 적외선으로 본다. 눈이 없는 뱀이 나무 위에서 뒤로 날아가는 새를 채어 잡는 것이다. 군대에 고글이라는 야간 투시 장비가 있는데 이 역시 적외선으로 본다. 적외선으로 본다는 말은 온도를 읽는다는 말이다. 모든 온도는 그에 해당하는 빛을 내는데, 온혈 동물의 몸에서 나오는 열의 파장이 대략 적외선 파장에 해당하는 빛을 내며, 뱀은 생명체의 온도를 읽어 모양을 본다. 온도가 높으면 파장이 짧아진다. 만일 기온이 35 ℃인데 적외선으로 보는 뱀 옆을 체온 35 ℃인 동물이 지나가면 뱀은 구분이 안 되므로 옆의 동물을 보지 못한다.

별은 질량이 클수록 핵융합이 빨라져 수명이 짧고, 질량이 작을수록 핵융합이 천천히 일어나 수명이 길다. 태양은 질량이 비교적 큰 별에 들어간다. 따라서 우주에는 태양 같은 별보다 질량이 작은 적색 왜성이 수명이 길므로 훨씬 많다.

프레데터가 사는 행성의 모성은 아마 적색 왜성일 것이다. 적색 왜성은 크기가 태양의 10 % 정도에 불과하다. 물론 지구보다는 훨씬 크다. 또한 모성의 수명이 길므로 지구가 약 45억 년 되었지만 그들의 행성은 이보다 수십억 년 이상 오래된 별일 가능성이 크다. 오래되어야 진화의 기간이 길어 고등 생명체가 나타날 가능성도 높아진다.

그 행성의 크기는 우리 지구와 비슷하여 표면에 고체와 액체인 물이 공존할 것이다. 적색 왜성은 빛을 태양보다 적게 내므로 물이 액체로 존재하는 거주 가능 구역의 반지름이 작다. 따라서 프레데터의 행성은 지구–태양 거리인 1억 5,000만 km보다 훨씬 가까이 있어서, 1년이 우리의 1년보다 훨씬 짧은 3~4개월에 불과할 것이다. 행성의 축은 기울어진 경우가 많으므로 그 행성도 4계절이 있을 가능성이 크고, 식물이 빨리 성장하여 빨리 열매를 맺고 빨리 죽을 것이다. 대신 그들은 그들 행성 나이로 500년 이상 살 것이다.

모성이 작지만 가까이 있으므로 행성에서 보는 모성의 크기는 우리의 태양이나 비슷할 것이다. 그런데 만일 핫 주피터가 있다면 그 모성은 하늘에서 작은 떨림이 나타날 것이다. 우리의 태양은 맨눈으로 오래 보면 눈이 상하지만, 그 모성은 오래 맨눈으로 보아도 큰 위험이 없을 것이다.

실제로 그런 외계인들이 있다면 그들은 호전적일까? 문명이 발달하면 전쟁 무기도 발달하기 마련이다. 즉 한 번에 멸망에 이르게 할지도 모르는 무기 체계를 갖추기 때문에 그런 위험성을 통제하는 기술도 함께 발달한다. 전쟁의 원인이 되는 사람 사이의 갈등을 해결하는 방식도 더 발전하는 것이다. 그렇지 못하면 그 높은 문명에 이르기 전에 자기들끼리 싸우다 스스로 멸망해 버릴 것이다. 따라서 지구보다 초고도의 문명을 이룬다는 것은 지구인보다 훨씬 더 평화를 사랑할 때만이 가능하다고 본다.

36

행성의 항성계 이사

지구는 태양계에 속하여 태양이라는 모성을 공전하고 있다. 지구가 태양계를 떠나 인근 항성계, 예를 들면 큰개자리의 시리우스계로 이사 가서 시리우스를 공전하는 일이 발생할 수 있을까? 물론 그런 일은 생기지 않는다. 그러나 우주에는 우리가 알 수 없는 일들이 너무나 많다.

항성이 만들어질 때 항성 주변의 성간 물질들이 모여 행성을 만들고, 다시 행성 주변의 성간 물질들이 모여 위성을 만드는 것이 보통이다. 그래서 태양이 도는 방향으로 성간 물질들이 돌기 때문에 태양계의 모든 행성들은 태양이 자전하는 방향으로 공전을 한다. 위성도 마찬가지로 만들어졌으면 행성이 자전하는 방향으로 공전하는 것이 마땅하다. 이를 순공전이라 한다.

그런데 트라이턴은 해왕성의 자전 방향과 반대로 공전한다. 소위 역공전 위성인데 이는 해왕성이 만들어질 때 만들어진 위성이 아니고, 주변의 소행성이나 다른 위성이 해왕성의 중력에 잡힌 것이다. 처음에 어느 방향으로 들어가느냐가 공전의 방향을 결정한다고 볼 때, 역공전하지 않더라도 트라이턴처럼 떠돌아다니다 행성에 잡힌 위성들이 있을 수 있다는 뜻이다. 명왕성의 위성인 샤론도 본래는 명왕성의 위성이 아니었다고 한다.

트라이턴 발견 이후, 천문학자들은 삐딱한 위성을 더 찾아냈고 현재 100개가 훌쩍 넘는다. 이들은 공전 궤도가 찌그러지거나 크게 기울었다.

상당수가 모행성으로부터 상당히 먼 궤도를, 모행성과 반대 방향으로 돈다. 모양도 감자처럼 불규칙하거나 찌그러진 경우가 많다. 과학자들은 개성이 다양한 이들 위성을 한데 묶어 '불규칙 위성'이라고 부르기 시작했다. 목성의 4대 위성이나 달과 같은 나머지 평범한 위성 60여 개는 '규칙 위성'이 되었다.

케플러 망원경으로 은하계를 관측하다 보니 모성이 없는 떠돌이 행성이 발견되었다. 이를 '플래니모'라 한다는데 태양이 없는 지구로 이해하면 된다. 지금 태양계에서 태양을 들어내면 행성들은 구심력이 없어지기 때문에 도는 방향의 접선 방향으로 탈출한다.

행성의 항성계 이사는 은하계와 은하계가 충돌하는 경우 발생할 가능성이 높다. 수천억 개의 별들로 이루어진 2개의 은하가 수억 년에 걸쳐 대충돌을 일으키는 경우다. 항성계에 대혼란이 일어나고, 그러다 보면 행성들이 탈출할 수 있다.

행성은 반드시 모성과 함께 만들어지는데 공전을 하다 보면 수없이 충돌하고, 그러다 보면 중력으로 튕겨 나가는 일이 발생할 수 있다. 그러면 우주를 떠돌게 되는데, 모성이 없으므로 낮이 없고 항상 밤만 계속되며, 모성으로부터 에너지 공급이 끊긴다.

만일 그 떠돌이가 된 행성에 생명체가 존재한다면 모성을 떠나는 순간 모두 멸종할까? 답은 '아니다'이다. 만일 금성처럼 온실효과로 무장된 행성이라면 떠돌이가 되더라도 상당 기간(수억 년) 열을 보존할 수 있다. 또 지구 지하 수백 미터 아래의 미생물은 태양열이 아니라 지구 화학 에너지로 먹고 산다. 따라서 화학 에너지를 사용하는 박테리아 등 미생물은 생존이 가능하다. 따라서 100% 멸종은 아니라는 것이다.

그러면 플래니모가 은하계를 영원히 떠돌아다닐까? 그것은 아니다. 수억 년을 떠돌아다니다 어떤 항성계를 통과하게 되면, 그 항성계의 중력에 잡혀 행성으로서 공전운동을 다시 시작할 수 있다. 즉 행성이 항성계를 이사 간 셈이다. 이때 항성의 궤도에 항성의 자전 방향과 같은 방향으로 입사하면 순공전 행성이 되고, 반대로 입사하면 역공전 행성이 된다. 태양계에는 역공전 위성은 있어도 역공전 행성은 없다.

우주에는 맥동성 또는 펄서(pulsar)라 불리는 별이 존재한다. 이런 별은 행성을 만들지 않으므로 행성을 가질 수 없다. 하지만 행성을 가진 맥동성이 발견되었다. 이 행성은 다른 항성계에서 이사 온 것이라고밖에 설명할 길이 없다.

지구를 보면 아무리 추운 곳이라도, 아무리 더운 곳이라도, 아무리 건조한 곳이라도 다 생명체가 있다. 수억 년이면, 떠돌이 행성의 환경에 맞게 생명체가 진화할 수 있는 충분한 시간이다. 그러다 다른 항성계를 만나서 새로운 항성을 공전하게 되면 다시 밤과 낮이 있게 되고 그러면 생명체는 또 거기에 맞게 진화하여 생존하는 것이다.

37

우주 이민선

지금의 우주선은 무중력 상태다. 1주일만 생활해도 근육이 빠지고 몸이 늘어나 신체가 가늘어지고 키는 커진다. 침대에 누워서 한 달만 지내면 심장근육이 줄어든다. 다리 근육 역시 빠져서 일어설 수 없다. 모든 동물은 움직여야 건강하다. 중력과 싸우면서 건강해진다.

현재의 우주선으로 화성을 가는 데는 거의 1년 걸린다. 인간의 몸이 무중력 상태를 1년 동안 버티기 어렵다. 또 화성 중력이 지구의 1/3 정도인데 만일 화성에 이민을 가서 산다면 현재 지구의 인류와 상당히 다른 신체 구조를 가질 것이다.

영화 〈에일리언〉의 외계 생명체는 힘이 센데 이는 현실성이 적다. 무중력 상태에서는 강한 근육이 불필요하기 때문이다. 우주 공간의 외계 생명체는 근육이 거의 필요 없으므로 몸이 마치 실처럼 가늘고 길 것이다.

영화 〈스타트렉〉을 보면 우주인들이 우주선 안에서 둥둥 떠다니지 않고 지구에서처럼 걸어 다니는 것을 볼 수 있다. 이것은 인공 중력을 만들었기 때문이다. 우주선에 인공 중력을 만들려면 우주선을 회전시켜야 한다. 즉 중장거리를 가는 우주선의 모선은 모양이 원형이 되어야 한다는 뜻이다. 그런 면에서 둥근 비행접시라는 개념은 상당히 과학적이다.

만일 우주선의 반지름이 1 km면 어느 정도 회전시켜야 지구와 같은 중력 가속도를 가질 수 있을까? 중력 가속도는 회전하는 물체의 구심 가속도와 같아야 한다.

$$g = r\omega^2, \qquad \omega = \sqrt{\frac{g}{r}} = \sqrt{\frac{10\ \mathrm{m/sec^2}}{1{,}000\ \mathrm{m}}} = 0.1\ \mathrm{rad/sec}$$

$$T = \frac{2\pi}{\omega} \simeq 60\ \mathrm{sec.}$$

대략 우주선을 1분에 한 바퀴씩 돌리면 우주선 내에서 둥둥 떠다니지 않고 지구에서처럼 걸어 다닐 수 있다. 우주선이 회전하는 구조가 되면 중심이 머리가 향하는 하늘이 되고 가장자리가 발을 딛고 서는 땅이 된다.

인공 중력만 만든다고 되는 것이 아니다. 인공 자기장도 만들어야 한다. 지구의 자기장은 크기가 대략 1가우스(Gauss) 정도다. 표준 단위는 테슬라(Tesla)이나 사람이 사는 데 가장 영향을 미치는 자기장은 지구 자기장이다. 지구 자기장은 1테슬라의 약 1만분의 1이다. 따라서 1테슬라의 1만분의 1을 1가우스라 하고 이를 생활단위로 사용한다.

문제는 '어떻게 가느냐?'인데 1광년 가는 데 1만 년 이상 걸리는 현재의 우주선으로는 불가능하다. 여러 가지 방법들이 제시되는데 그중 하나가 영화 〈아바타〉에 나오는 반물질 우주선이다. 우주는 양성자와 반양성자, 전자와 반전자 등 모든 소립자가 반대 소립자를 가진다. 예를 들어 진공에 강력한 빛을 쪼이면 전자와 반전자가 튀어나온다. 또한 역으로 물질과 반물질을 충돌시키면 거대한 에너지가 나온다. 이 원리를 이용하여 우주선에 원자력을 이용한 레이저를 진공에 비추어 물질과 반물질을 만든 후 이를 적절하게 섞어 추진력을 얻는 것이다.

먼 거리를 가려면 연료를 현지 조달해야지 미리 가지고 가는 것에는 한계가 있다. 결국 항성계를 지나면서 그 별로부터 에너지를 얻어 사용하는 방법을 개발해야 할 것이다. 그래서 연구되는 것이 우주 범선이다. 우주선을 거대한 태양광 발전용 돛 모양으로 만들어 별의 에너지를 받아 여행하는 것이다. 나사(NASA) 모형을 보니 돛의 두께는 머리카락 굵기이고 면적은 축구장 크기라고 한다. 하지만 유효한 속력을 내려면 우주에서 돛을 더 펴서 면적이 축구장의 100배는 되어야 한다.

또 현실적으로 항성 간 우주여행이 가능하려면 광속을 넘어야 한다. 그러면 광속보다 빨리 가는 방법은 정녕 없을까? 있다. 공간은 중력에 휜다. 따라서 강력한 중력으로 우주선 앞의 공간을 접고 우주선 뒤에서 다시 펴면 속력의 제한 없이 광속보다 얼마든지 빨리 갈 수 있다. 이를 우주 축지법(warp drive)[39]이라 하는데 실은 미니 블랙홀을 만들어 타고 가는 것이다. 블랙홀과 그 반대 개념인 화이트홀과, 둘 사이를 연결하는 벌레 구멍(웜홀, wormhole)[40]을 통해 전혀 다른 공간으로 나갈 수 있다고 하는 것이나 원리적으로 유사하다.

화이트홀은 아직 관측되지 않았다. 이미 하늘에 있는데 우리가 그것이 화이트홀인지 모르고 있을 가능성도 있다. 예를 들면 빅뱅도 거대한 화이트홀이다. 우주의 등대라고 하는 퀘이사(quasar)가 에너지를 블랙홀로부터 공급받는다고 알려져 있기 때문에 이를 화이트홀이라고 하는 사람도 있다. 아주 작은 블랙홀도 있다면 아주 작은 화이트홀이 있다고 해도 전혀 이상할 것이 없다. 또는 공간에 빛을 쪼이거나 하면 화이트홀이 만들어지는지도 모른다. 화이트홀의 모양은 볼 수 있다. 블랙홀을 찍은 영상을 거꾸로 돌리면 그것이 화이트홀이다.

---

39 멕시코 대학의 미구엘 알쿠비에르 교수가 1994년 학생일 때 교수에게 이야기한 것인데, 이 허망한 이야기를 들은 교수가 "좋은 생각이다."라고 말했다 한다.

40 블랙홀과 화이트홀 사이를 연결한다고 추정되는 가상의 공간이다. 공간이 마치 벌레가 파먹은 것과 비슷하다고 해서 붙여진 이름이다.

2부

동물의 진화

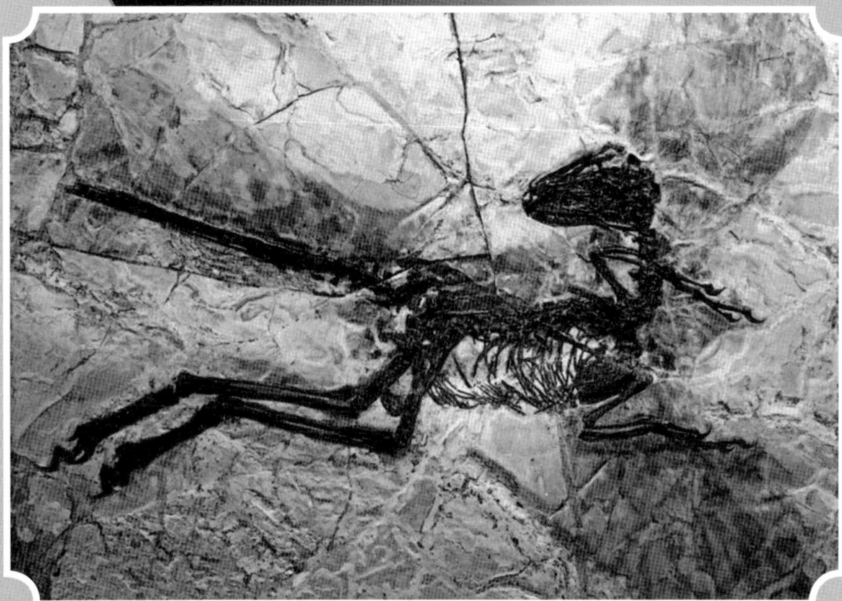

중국에서 발견된 소형 깃털 공룡 첸유안롱 수니(Zhenyuanlong suni) 화석[41]

41 http://www.nature.com/articles/srep11775

1

생명체란 무엇일까?

한 생물학자가 말하기를, "우주 생명체를 찾으러 가려면 그 전에 우선 생명체가 무엇인지부터 정의해야 한다."라고 했다. 생명체의 정의조차 아직 학술적으로 공통된 견해가 없다는 것이다. 그래서 생명의 정의를 사전에서 찾아보았다.

"단백질의 존재 양식이다."

단백질이 아닌 것으로 구성된 물체는 생명체가 아닌가? 초보적인 오류다.

"물질대사가 생명 현상의 기본이다. 에너지의 전환 및 출입을 경험하면서 일정한 평형을 유지하고 있다."

물질대사는 불이 나도 이루어진다. 재료가 불에 타면 에너지가 발생하고, 다 타면 재가 남는다. 그렇다면 지구는 생명일까, 아닐까?

"Life is a characteristic distinguishing objects having signaling and self-sustaining processes from those that do not."

항상성을 유지하면 생명이라는 뜻인데 지구상 모든 물체는 지구 중심으로 가서 안정되려는 성질이 있다. 그러면 다 생명일까? 항상성으로 말하면 물이 1등이다.

"죽음이 존재한다."

죽음이 존재하면 생명일까? 시계가 고장 나서 더 이상 작동하지 않으면 시계도 생명일까?

"자손을 번식시킨다."

불이 나서 불똥이 옆집으로 튀어 번졌다면 불은 생명일까?

"유전 정보를 전달한다."

그래도 이것이 제법 정의 같은 정의다. 유전 정보를 전달한다는 것은 생존 기간이 유한하여 다음 세대에 정보를 전달하고 죽는다는 뜻이다.

만일 로봇에 인간의 기억을 데이터 형태로 이식시켜 활동하게 한다면 그것은 생명일까? 생물학자가 생명체부터 정의해야 한다고 한 말이 이해가 된다. 도대체 생명체란 무엇일까? 한마디로 정의할 방법은 정녕 없는 것일까?

2

산소의 발생과 동물의 탄생

지구가 태어났을 때의 대기는 이산화탄소와 수증기로 가득했으며 오늘날 지구 대기의 약 1/5을 차지하는 산소는 별로 없었다. 지구 초창기 수많은 유성이 지구에 떨어졌으며 그것들은 얼음이 주성분이라 지구에 물을 가져왔다. 그리고 수증기가 식어 바다가 생겼다.

생명이 유지되려면 에너지가 있어야 한다. 지구 표면에서 받을 수 있는 가장 좋은 에너지원은 태양 빛이다. 따라서 지구의 이산화탄소와 물에 태양 빛을 쪼여 에너지를 저장하게 되었는데 이것이 광합성이다. 이 광합성 과정은 에너지를 흡수하는 흡열반응으로, 이로 인해 탄소 화합물이 출현했는데 이 과정의 부산물로 산소가 생겼다.

해양 식물의 광합성을 통해 산소가 발생하고, 물속에서 공기의 양은 제한이 있으므로 이 산소가 바다를 나와 공기 중으로 올라가 지구 대기의 산소 농도가 점점 짙어졌다. 산소는 어떤 물질과 결합하면 열, 즉 에너지를 내는데 이를 '산화'라 한다. 그 결과 지구 대기의 산소량이 점점 늘어나 고생대 석탄기에는 무려 30 %에 이르렀다.

이는 우주의 행성을 개척할 때도 똑같이 적용되어, 광합성으로 산소를 만들어야 하는데, 수중 광합성이 먼저이므로 행성의 온도를 물이 액체로 존재할 수 있게 해야 한다. 예를 들면 화성은 지나치게 추워 물이 액체로 존재하지 못하므로 온도를 올려야 한다. 그리고 바다를 만들어야 하는

$$6CO_2 + 6H_2O \xrightarrow{\text{빛}} C_6H_{12}O_6 + 6O_2$$

이산화탄소 + 물 → 설탕 + 산소

[그림 1] 광합성이란 이산화탄소와 물을 재료로 태양 에너지를 화학 에너지로 저장하는 과정이다. 이때 나오는 부산물이 산소이며 설탕이란 탄소 유기물의 상징이다.

데 온도가 올라가면 지하의 얼음이 녹아 바다가 생길 것으로 추정된다. 바다가 생기면 수중 광합성이 가능한 수중 식물을 이주시킨다.

탄소는 주기율표 중앙에 위치하여 주기율표 양쪽과 결합하여 가장 다양한 조합을 만들 수 있는 팔이 4개인 원자에 속하며 그중에서도 가장 간단하고 가볍다. 무엇이든 구조가 간단하고 가벼워야 활동성이 뛰어나다. 이렇게 포함하여 만들어진 탄소 화합물을 유기 화합물이라 부른다[그림 1].

파장이 짧은 청색 빛은 에너지가 높아 광합성에 유리하나 투과력이 약해 깊이 들어가지 못한다. 반면에 파장이 긴 적색 빛은 에너지는 작으나 투과력이 강해 깊이 들어간다. 중간의 애매한 550 nm 부근의 녹색은 광합성에 사용되지 않으므로 빛을 흡수하지 않고 반사하는데 이 때문에 식물의 잎이 녹색으로 보인다[그림 2]. 훗날 동물이 빛을 인식하는 가시광선(可視光線) 파장 범위도 식물의 광합성 경험에 의해 결정되었다.

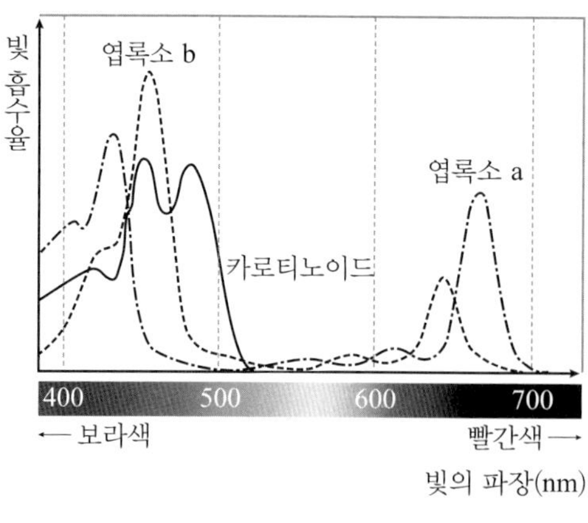

[그림 2] 태양에서 오는 에너지가 가장 많은 파장이 왼쪽 그림의 영역이며 식물들은 이 영역에서 광합성을 하도록 진화되어 왔다.

광합성의 결과로 만들어진 유기 화합물은 산소와 결합하면, 즉 불에 타면 쉽게 분리되어 광합성과 반대로 열을 낸다. 이 과정을 '호흡'이라고 하는데, 산화 현상이다. 산소는 기본적으로 독가스로, 산소를 호흡하는 생명체는 생명이 유한하여 반드시 죽게 된다. 따라서 후손에게 유전자를 물려주는 기관을 개발하게 된다.

식물은 자신들이 저장한 에너지를 산화시켜 생명 유지에 사용하지만, 식물이 만든 유기 화합물을 모아서 이를 산소와 결합하면 광합성 없이도 광합성보다 더 효율적으로 에너지를 생산할 수 있다. 직접 광합성을 하는 대신에 물결에 따라 흘러 다니며 다른 식물들이 광합성으로 만들어 놓은 유기 화합물을 빼앗아 섭취하던 기생식물이 동물의 기원이라고 본다. 활동성이 용이할수록 생존 경쟁에서 유리하여 그쪽으로 진화가 이루어졌다. 이후 식물은 종자를 퍼뜨리는 데 이동성이 있는 동물을 이용하게 되고 나중에 동물이 죽으면 그 영양분을 회수하여, 종국에는 식물과 동물의 상호 의존적 생태계가 형성되었다.

3

세포의 크기 제한

동물세포건 식물세포건 쥐의 세포건 코끼리의 세포건, 세포의 크기는 평균 10 μm(0.01 mm)로 비슷하다[그림]. 사람 눈에 안 보이는 작은 크기다. 왜 그럴까? 세포를 더 크게, 또는 더 작게는 만들 수 없을까?

우선 간단한 실험을 해 보자. 세포를 실험관에 넣고 조금씩 중력을 감소시켜 본다. 다음에는 반대로 중력을 증가시켜 본다. 중력을 감소시킬 때는 무중력 상태가 되더라도 큰 변화가 없었는데, 증가시키자 세포가 찌그러져 버렸다. 그 이유는 세포는 내부와 외부를 구분하는 지방층이 있을 뿐

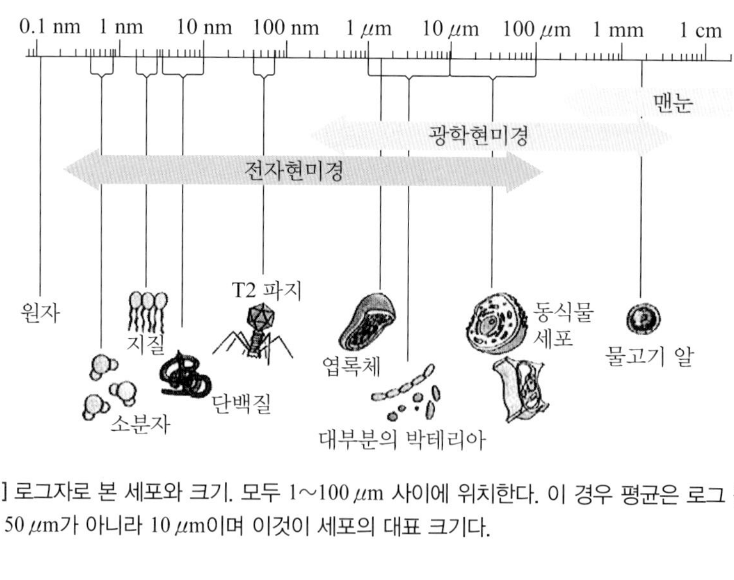

[그림] 로그자로 본 세포와 크기. 모두 1~100 μm 사이에 위치한다. 이 경우 평균은 로그 평균으로서 50 μm가 아니라 10 μm이며 이것이 세포의 대표 크기다.

내부에 기둥이나 벽 같은 지지물이 없기 때문에 중력이 커지면 찌그러지는 것이다. 내부에 벽이 없는 이유는 물질의 이동을 쉽게 하기 위함이다. 따라서 중력이 세포의 크기를 제한하는 첫 번째 요소다.

두 번째 요소는 에너지 효율 때문이다. 세포는 표면을 통하여 외부 세계와 접촉하고 에너지를 처리하므로 크기가 2배가 되면 표면적이 4배가 되어 에너지 처리 능력도 4배가 된다. 하지만 세포가 먹여 살려야 하는 에너지는 부피에 비례하여 8배가 된다. 따라서 세포는 크기가 작을수록 효율이 높다.

세포가 작을수록 에너지 효율이 높다면 왜 1 μm보다 작은 세포는 없을까? 그것은 세포의 재료인 분자의 크기 때문이다. 물 분자의 크기가 0.3 nm 정도인데 적어도 수백 개의 여러 분자들을 조합하여 세포의 구성 성분을 만들어야 하기 때문이다.

정상인의 경우 맨눈으로 0.5 mm까지 본다. 광학현미경으로는 가시광선의 최소 파장인 400 nm의 절반인 200 nm까지 본다. 이것이 에돌이 한계(diffraction limit)라고 불리는 광학 이론이다. 전자현미경으로 보면 더 작은 것도 볼 수 있지만 움직이는 것은 보지 못한다. 즉 죽어 있는 것만 보고 살아 있는 것을 볼 수 없다. 따라서 살아 움직이는 것을 3차원으로 볼 수 있는 광학현미경의 장점을 포기할 수 없다.

2014년 노벨 화학상은 에돌이 한계를 피하는 법을 연구하여 광학현미경으로 200 nm보다 10배나 더 작은 것도 볼 수 있는 STED(STimulated Emission Depletion) 현미경을 개발한 학자들이 받았다.[42] 과학 법칙은 이렇게 넘어서라고 있는 것이다.

---

42 한규영, 〈물리학과 첨단기술〉, 2012년 5월 호. 9~13쪽.

4

캄브리아기 생명체 종류의 대폭발

지구 역사를 보면 생명체가 나타난 것은 지구가 만들어지고 약 5억 년이 지난 후다.[43] 하지만 이때는 미생물 수준의 생명체였다. 우리가 외계 행성을 탐색할 때 생명체를 기대하려면 최소 5억 년의 역사가 필요하다고 하는데 그 근거가 지구다. 지구처럼 생명체 출현에 좋은 행성에서도 5억 년이 걸렸기 때문에 그보다 안 된 행성에서 생명체 발견을 기대하는 것은 무리다.

태양계 내에서도 외계 생명체를 발견할 가능성은 아직 있다. 그런데 그 진화 단계는 박테리아 수준의 미생물로 추정한다. 이를 발견할 수 있는 장소로는 행성은 화성의 지하, 위성은 목성과 토성의 물 위성들이 있다.

그런데 약 5억 4,000만 년 전부터 약 1,000만 년 동안 지구상에 갑자기 많은 생명체가 출현했다. 생명체 분류학상 강 위에 문이 있는데[44] 이전에 있던 미생물 크기의 3개의 문이 갑자기 38개의 문으로 증가했고, 미생물이 주도하던 지구에 10 cm 이상의 대형(?) 생명체가 나타나기 시작했다. 특히 동물계 다양성에 큰 증가가 일어났다. 이것이 고생대의 시작이며 고생대를 대표하는 삼엽충의 출현도 이때다. 그리고 삼엽충의 멸종이 고생대의 끝이자 중생대의 시작이다.

---

43 5억~10억 년 사이다.

44 계(Kingdom)−문(Phylum)−강(Class)−목(Order)−과(Family)−종(Genus)−종(Species).

왜 하필 5억 4,000만 년 전에 생명체의 폭발적 진화가 이루어졌을까? 1,000만 년은 지구 역사에서 보면 지극히 짧은 순간이다. 생명체가 대폭발했다는 것은 유전자가 다양하게 변했다는 뜻이다. 이런 유전자의 급증은 새로운 많은 정보가 있어야 가능하다. DNA라는 것이 외부에서 들어온 다양한 정보를 바탕으로 변하기 때문이다. 따라서 이 시기의 갑작스런 외부 정보의 증가가 생명체 종류의 대폭발을 가져왔다고 보는 것이 합당하다.

감각 기관인 5감 중에 사람에게 들어오는 정보의 90 %는 눈을 통해 들어온다. 생물체에게 눈이라는 조직이 언제 생겼을까? 즉 이때 눈이라는 조직이 새로 생겼을 가능성이 크다. 눈이 생겨서 몸에 들어오는 정보의 양이 폭발적으로 증가하자 이에 대응하느라 유전자가 변하며 생물체의 다양성도 폭발적으로 증가한 것이다.

눈이란 피부 조직이 빛을 인식하는 데에서 비롯되었다. 점차 진화하여 피부에 들어오는 빛의 모양을 알게 되었다. 그러면 왜 이때 눈이 생겼을까? 그 이유는 태양 때문으로 추정된다. 약 5억 4,000만 년 전에 바다로 들어가는 태양 빛이 갑자기 증가한 것이다. 당시는 아직 육상 동물이 없고 생명체는 모두 해양에만 살던 시기다. 따라서 빛을 인식하는 동물이 생존에 가장 유리한 위치를 점하게 되었고 너도나도 눈을 만들게 되었다.

태양 빛이 바닷속 멀리까지 도달한다고 해서 바닷물 온도가 너무 올라가면 안 된다. 바닷물 온도가 올라가면 물속의 산소 용존량이 줄어 생명체가 호흡할 수 없다. 전 세계 바닷물의 평균 온도가 10 ℃ 올라가면 박테리아를 제외한 지구상의 모든 생명체가 멸종한다. 실제로 고생대가 끝나게 된 이유가 이것이다.

눈이 두 개인 이유는 한 개뿐이면 거리를 확인하기 어렵기 때문이다. 두 개의 눈이 만드는 사잇각을 통하여 정확한 거리를 산출한다. 세 개가 아닌 이유는 불필요하기 때문이다. 눈을 여러 개 만드는 것보다[45] 두 개를 좌우로 대칭적으로 배치하여 아주 잘 발달시키는 것이 최선이었던 것이다.

그러면 왜 햇빛이 하필 그때 바닷속 깊이 들어가게 되었느냐의 문제로 귀결된다. 답은 얼음이다. 대략 6억 년 전부터 지구가 서서히 따뜻해져 지구를 덮고 바닷속으로 들어가는 햇빛을 차단하고 있었던 얼음이 녹기 시작했다. 따라서 생명체 종류 대폭발 현상의 단초부터 시작하여 5억 8,000만 년 전부터를 고생대로 본다.

대략 8억 년 전부터 6억 년 전 사이에 지구 표면 전체가 얼음으로 덮여 있어서 햇빛이 바닷속 깊이 들어갈 수가 없었다고 한다. 지구 표면의 평균 온도가 영하 50 ℃로 지금의 남극 대륙과 비슷했고, 바닷속은 평균 1,000 m 깊이까지 얼음으로 되어 있어 깜깜한 밤이었던 것이니 빛을 인식하는 눈이 필요 없었던 것이다. 이것은 빙하기가 아니고 지구 동결 현상(snowball earth)이다. 지구 동결 현상이 끝난 이유는, 이 무렵 어떤 이유인지는 몰라도 대규모 화산 폭발이 있었고 그 결과 발생한 이산화탄소가 온실효과를 일으켜 지구 온도를 올렸다고 한다. 지구 동결 현상 기간 동안에 지구의 산소 농도가 급격히 증가하여 20 %를 넘은 것으로 추정된다. 이는 오존층이 생기기 위한 충분한 조건이다.

$$O + O_2 \rightarrow O_3.$$

오존층은 지상 약 15 km 부근에 형성된 공기층으로 태양의 강한 자외선을 차단하여 지구 표면을 보호한다.[46] 5억 4,000만 년 전이 대략 오존층 형성 시기로, 지구 표면이 태양 빛으로부터 안전해지자 해양 동식물들

45 곤충은 여러 개다.

46 오존층을 파괴하는 대표적인 물질이 탄소 유기 화합물인 CFC(chlorofluorocarbon, 염화플루오르탄소)다. CFC 중에 듀퐁사의 프레온이 잘 알려져 있다. $CCl_3F \rightarrow CCl_2F + Cl$. Cl이 오존을 산소 분자와 산소 원자로 분해하는 촉매 역할을 한다. 금성에도 오존층이 존재한다.

이 육상으로 진출하게 되었다. 지구 동결 현상이나 오존층 현상이나 다 산소의 조화다. 지구 동결 현상이 없었다면 지금의 고등 생명체도 없었을 것이다. 이는 외계 생명체를 찾을 때도 중요하다. 생물이란 산소로 영양분을 태워 얻은 에너지를 가지고 활동하기 때문에 산소가 많아야 대형 생명체가 출현한다. 대기 중 산소 비율이 10 %는 넘어야 육상에 산소로 호흡하는 소형 동물이 나타나고, 20 %는 넘어야 지적 생명체가 나타난다고 생각된다.

지구 동결 현상은 지구 역사에 두 번 있었는데, 약 24억~22억 년 전에도 일어나 이때 진핵생물이 출현했다고 한다. 이전의 원핵생물(대장균 등)은 핵막이 없었는데 진핵생물(아메바 등)은 핵막이 있어 세포 내에 작은 기관들이 생겼다. 또한 세포가 분열할 때 염색체와 방추체가 나타나는 유사분열을 한다. 온실효과를 일으켜 지구 표면의 온도를 올리는 것은 이산화탄소와 메탄인데 24억 년 전에는 메탄만 있었다고 한다. 그런데 수중 식물이 광합성을 시작하자 부산물로 생성된 산소가 해수면으로 올라와 메탄과 결합하여 온실효과가 사라지고 지구 동결 현상이 왔다고 한다. 이때가 처음으로 대기 중 산소 농도가 1 %를 넘은 시기였다.

참고 삼엽충은 분류학상 절지동물문으로 해양무척추동물이다. 몸을 이루는 세 개의 "체절"은 머리, 가슴, 그리고 꼬리다. 이들이 게나 가재 같은 갑각류로 진화하고, 나중에 육상에 올라가서는 거미와 매미 같은 절지동물로 진화한다. 따라서 이런 관점에서 보면 삼엽충은 진화한 것이지 멸종한 것이 아니다. 삼엽충의 눈은 전형적인 겹눈으로 각각의 렌즈가 길쭉한 프리즘 역할을 한다. 초기의 삼엽충도 복잡한 겹눈을 가지고 있어서 눈의 기원은 캄브리아기 이전으로 올라간다고 본다.

퀴즈 귀와 눈 중에 어느 기관이 먼저 생겼을까?

5

유로파의 가능한 생명체 수준

유로파는 달 정도 크기이나 지구보다 많은 물이 있다고 추정된다. 두께 수십 킬로미터의 얼음으로 덮여 있고, 바다의 최대 깊이는 지구의 10배인 100 km에 이를 것으로 추정된다. 유로파를 찍은 사진을 보면, 얼음 사이에 갈라진 틈들이 보인다. 이 틈들은 얼음 아래의 물이 올라오고 내려가는 순환로가 된다.

미국에서 유로파 바로 아랫부분의 음속을 쟀다. 그랬더니 초속 1,750 m가 나왔다. 그러면 표면 아래는 무엇일까? 지구 바닷속에서 음속은 약 1,500 m/sec 정도다. 음속은 $v = \sqrt{(\text{탄성률})/(\text{밀도})}$로서 매질의 밀도가 작을수록, 압력이 높을수록 빠르다. 밀도는 지구 바닷물이나 별 차이가 없을 것으로 보면 원인은 압력차이다. 속력이 1.75/1.5 = 1.17배 빠르므로 이것을 제곱하면 약 1.4다. 즉 유로파 바다 압력이 지구 바다의 1.4배다. 이는 위에서 무거운 얼음이 누르고 있기 때문에 발생한 것으로 본다.

필자는 태양계의 위성들 중에 목성의 위성인 유로파가 가장 생명체 존재 가능성이 높다고 했다. 그 이유는 태양계에서 가장 많은 물을 보유한 천체이기 때문이다. 물은 생명의 기본 요소다. 만일 유로파에 생명체가 존재한다면 그 수준은 어느 정도일까?

어떤 과학자는 낚시를 해 보고 싶다느니, 수백만 톤의 물고기가 산다고도 하고, 심지어 문어 비슷한 생명체가 산다는 영화도 만들어지고…… 추정이야 다 좋은데 우리는 합리적인 판단이 가능한 근거를 알고 싶다.

이제 지구를 가지고 한 번 추정해 보자. 물론 지구가 절대적인 기준은 아니나 상당한 힌트는 줄 수 있다. 지구에 생명체가 확실히 나타난 것은 지구가 생긴 지 약 10억 년이 지난 35억 년 전이다. 이것은 유로파도 비슷하다. 목성이나 지구나 비슷한 시기에 만들어졌기 때문이다. 35억 년 전에 나타난 생명체가 30억 년 동안을 크게 진화를 못 하고 길이가 센티미터 이하의 미생물 수준에 머물렀다.

그러다 약 5억 4,000만 년 전에 생명체 종류가 대폭발했는데 그때 만들어진 생명체 종류가 지금까지 지구 생명체의 기본이다. 그 이유는 그때 빛을 감지하는 눈이 생겼기 때문이다. 이때 빛을 인식하지 못한 생명체는 경쟁에서 패하여 빛이 없는 세계로 이동하여 살아남았다고 생각된다. 진화의 필요조건이 정보의 유입이다. 지금의 인간 세상도 책을 많이 읽거나 세상을 많이 여행하거나 해서 많은 정보를 얻은 사람이 발달이 빠르다.[47]

유로파의 환경은 전체가 두꺼운 얼음으로 덮여 있다. 5억 4,000만 년 전의 지구보다 상황이 더 안 좋다. 따라서 빛이 당시의 지구보다 바닷속으로 더 못 들어가고 있다. 따라서 유로파의 생명체 수준은 가장 많이 진화해도 지구의 선캄브리아기 이전의 수준에 해당하는 미생물 수준으로 추정한다.

47 구글사에서 개발한 바둑 인공지능인 알파고도 입력시킨 바둑 기보의 숫자가 많아질수록 강해졌다.

6

고생대 석탄기의 거대 곤충

육상 포유류의 조상은 물고기다. 사람의 손가락과 발가락이 각각 5개인 것은 물고기의 지느러미뼈가 다섯 갈래로 나뉜 조각인 데서 기인한다. 그러면 파리, 모기, 나비, 개미 등등 곤충의 조상은 무엇일까?

곤충의 조상은 게, 새우, 가재 같은 물속의 갑각류다. 분류학상 절지동물문 갑각류강이다. 이들은 한 세대의 기간이 척추동물에 비하여 훨씬 짧아, 유전자 변이가 짧은 기간에 일어날 수 있었고, 그 결과 많은 종이 만들어졌다.

생명체는 후손을 남기는 방식으로 생명을 연장해 가는데, 후손에게 자신의 유전자를 복제하여 물려준다. 그런데 복제할 때 100% 그대로 복제가 되는 것이 아니고 미세한 오류가 발생하는데 이것이 변이다. 성(性)이 존재하여 암수가 만나 유전자를 전달하는 경우에는 변이가 더 다양하다.

이 유전자의 미세한 오류가 역시 미세하게 부모와 다른 후손을 만들어내는데, 만일 환경 변화에 유리하게 작용하는 경우 그 후손의 수가 급격히 늘어난다. 반대로 환경에 불리하게 만들어진 후손은 소멸한다. 이것이 세대가 계속되며 쌓여서 나중에는 전혀 다른 종이 탄생하는 것이다.

절지동물의 최초 형태인 삼엽충이 출현한 것이 약 6억 년 전 고생대의 시작인 캄브리아기다. 이 시기는 공기 중 산소의 양이 갑자기 많아지면서 생물학석 송이 대폭발했다. 곤충의 출현은 고생대인 약 3억 5,000만 년 전으로 어류가 전성기를 맞았던 시기다. 새우가 육상에 올라와 등에 돌기가 나고, 이것이 날개로 진화하여 하늘을 날고……. 솔직히 상상이 안 된다.

곤충은 절지동물의 일종으로서 현재까지 알려진 가장 작은 것은 페어리플라이(Fairyfly)라는 하늘을 나는 종류인데 0.15 mm밖에 안 된다. 또 길이가 0.2 mm인 메가프라그마 마이마리펜(Megaphragma mymaripenne)이라는 식물 기생 곤충도 있다. '곤충의 구조를 가지고 있으면서 이렇게 크기를 줄일 수 있을까?' 하고 생각되는데 이들은 신경 세포에서 핵을 없애고 마치 하나의 세포처럼 서로 연결하는 방식으로 크기를 줄였다고 한다. 거리가 가깝기 때문에 이것으로도 충분했다.

반면에 가장 긴 곤충은 막대기 모양의 대벌레로, 더듬이를 제외하고 35 cm에 이른다. 이 외에도 아마존 정글의 타이탄하늘소는 약 20 cm고, 헤라클레스풍뎅이는 무게가 100 g에 이른다고 한다. 가장 큰 것과 가장 작은 것의 길이 차이가 약 100배로, 동물들 중에 이만 한 다양성을 가진 것이 없다. 고양잇과도 고양이와 호랑이 사이에 약 100배의 차이가 나지만 길이가 아니라 부피다. 그러면 길이는 부피의 1/3제곱이므로 이를 근사적으로 계산하면 다음과 같다.

$$100^{(1/3)} = (8+2)^{(2/3)} = 2^{3\times 2/3}\left(1+\frac{1}{4}\right)^{2/3}$$
$$= 4\left(1+\frac{2}{3}\frac{1}{4}+\cdots\right) \simeq 4\left(1+\frac{1}{6}\right) \simeq 4\times 1.2 = 4.8$$

계산기로 해 보면 4.64이나 이 근사도 나쁘지 않다.

곤충은 포유류보다 왜 작을까? 더 커질 수는 없을까? 척추동물은 뼈가 내부에 있는 내골격으로 뼈 주위에 장기와 근육을 붙이며 성장한다. 반면에 곤충은 뼈가 외부에 있는 외골격으로 제한된 공간에 살과 장기와 근육을 배치해야 한다. 곤충이 개만 해지면 그 무게를 감당하는 에너지를 만들 수 없다.

그런데 3억 년 전 고생대 석탄기에는 곤충을 비롯한 절지동물이 1 m가 넘기도 했다. 곤충을 비롯한 절지동물이 척추동물인 양서류를 사냥하기도 했다. 당시 파충류는 아직 출현하지 않았다. 양서류는 알껍데기가 물렁물렁하여 물속에서 부화해야 한다. 파충류가 되면서 알껍데기가 단단해지고 물을 완전히 떠나서도 살 수 있게 되었다.

고생대는 얼음으로 덮인 지구가 녹아 생명체가 다양해지는 5억 8,000만 년 전부터 페름기 대멸종이 일어나는 2억 5,000만 년 전 사이의 3억 3,000만 년 동안인데, 오래된 시대부터 ① 캄브리아기, ② 오르도비스기, ③ 실루리아기, ④ 데본기, ⑤ 석탄기, ⑥ 페름기의 6기로 구분한다. 이 중 ⑤ 석탄기에는 지구가 울창한 숲으로 덮여 산소의 양이 30~35 %로 지금보다 훨씬 많았다. 지금 우리가 사용하는 석탄이 이때 화석화된 식물들이다.

산소는 물질을 태워 에너지를 내는데 이것이 산화다. 산소 공급이 많아지면 마치 자동차의 엔진 배기량이 늘어나는 것과 비슷하여 체격이 커진다. 물론 곤충만 커진 것이 아니고 척추동물도 커져서 거대한 양서류들이 살았다. 척추동물은 몸 구석구석까지 연결된 혈관을 통하여 산소를 공급한다. 반면에 곤충은 도관을 통하여 제한된 부분에 산소를 공급한다. 체격이 커지면 이런 방식으로 산소를 공급하는 데 한계가 있다. 공기 중 산소의 농도를 높이면 이 문제가 어느 정도 해결된다.

실험실에서 곤충을 배양하는데 한 방에는 지금과 같은 20 %, 다음 방에는 25 %, 다음 방에는 30 %, 다음 방에는 35 %를 넣고 관찰한다. 그러면 산소량이 많은 방에서 자란 곤충일수록 크기가 커지는 것을 관찰할 수 있다. 단, 너무 커지면 엔진이 타 버리듯 곤충이 죽는다.

이는 외계 행성에도 적용될 가능성이 많다. 외계 행성에 갔을 때 행성의 크기가 지구 정도인데 산소량이 20 % 정도면 거기에 사는 동물들이 지구와 비슷한 크기일 가능성이 높다. 반면에 산소량이 30 % 정도면 식물의 밀도가 지구보다 크고, 크기도 큰 동물들이 살 것이다. 그 행성은 주로 정글과 숲으로 이루어져 있을 것이다. 또 산소량이 10% 정도면 식물의 밀도가 지구보다 작고, 크기도 작은 동물들이 살 가능성이 많다. 그 행성은 아마 사막지대나 암석지대가 많을 것이다.

7

페름기 대멸종과 파충류, 포유류의 탄생

3억 년 전의 암석 속에는 3억 년 전에 살던 동물과 식물의 화석들이 들어 있다. 2억 년 전의 암석 속에는 2억 년 전에 살던 동물과 식물의 화석들이 들어 있다. 1억 년 전의 암석 속에는 1억 년 전에 살던 동물과 식물의 화석들이 들어 있다. 그런데 2억 5,000만 년 전의 화석에는 생명체의 흔적이 없다.

지구의 역사를 보면 주기적인 대멸종이 일어나는데 그중에 가장 큰 것이 고생대가 끝나던 2억 5,000만 년 전의 페름기 대멸종이다. 이 시기에 지구상 생명체의 약 95 %가 멸종했다. 탄소가 급격히 증가하였으며 지구의 기온이 급상승했다. 바다의 생명체가 먼저 멸종하고 이어서 육상의 생명체가 멸종했는데 그 상황을 자세히 보면 다음과 같다.

2억 5,000만 년 전에 지름 수십 킬로미터 크기의 소행성이 지구와 충돌했고 지각이 깨지며 용암이 대규모로 지표면으로 분출했다. 즉 맨틀 위의 지각이 산산조각이 나서 용암이 산산조각이 난 지각을 뚫고 올라온 것이다. 동시에 그 충격으로 전 지구적으로 화산이 분출했다. 특히 시베리아에 그 흔적이 많아 남아 있는데 시베리아가 충돌 지점으로 추정된다.[48] 화

48 충돌 지점이 호주라는 의견도 있다, https://www.youtube.com/watch?v=_s3yHVyR-BUQ. 물론 당시 대륙의 위치는 지금과 다르다.

산이 이산화탄소와 일산화탄소를 지속적으로 배출하자 지구에 온실효과가 발생했다.

이 현상이 수백 년간 계속되자 바다의 온도가 5~10 ℃ 증가했는데 그 결과 바닷속의 산소가 감소했고, 바다 생물들이 죽기 시작했다. 물은 온도가 낮아야 기체가 많이 녹아 들어간다. 수온이 올라가자 바다 밑바닥에서는 박테리아에 의해 독성가스인 황화수소가 만들어져 수면 위로 올라오기 시작했다. 그러자 산소를 호흡하는 육상 동식물들이 멸종하기 시작했다. 당시 지구 대기 중의 산소량이 30 %에서 10 %로 급감했다고 한다.

이 저산소 상태가 1억 년 정도 계속되었는데 이를 극복하고자 파충류는 기낭을, 포유류는 횡격막(가로막)과 자궁을 만들었다. 뱀을 보면 갈비뼈가 배 전체를 덮고 있으나 포유류는 갈비뼈가 가슴만 덮고 있다. 횡격막을 이용하여 배로 호흡하고, 또 배에 새끼를 낳는 자궁을 만들기 위해 배 부분의 갈비뼈가 사라진 것이다.

이후 지구가 정상 온도로 내려가고 새로운 동물이 지구상에 나타났는데 이것이 파충류와 포유류다. 이를 중생대의 시작이라고 하는데 이 기간에 파충류와 포유류 간 경쟁이 시작되었다. 중생대에는 파충류가 앞섰으나 신생대에 들어 포유류가 앞서게 되었다.[49]

퀴즈 현재 지구의 산소량은 약 20 %다. 산소량 10 %나 30 %의 대기에서 사람이 호흡할 수 있을까? 나머지는 현재 지구처럼 대부분 질소라고 가정한다.

49 조류로 모습을 바꾼 파충류가 지금도 앞서고 있다고 보는 시각도 있다. 포유류보다 조류가 종의 숫자가 훨씬 많다.

8 티라노사우루스의 후손

중생대는 초기인 삼첩기, 중기인 쥐라기, 그리고 후기인 백악기로 나뉜다. 중생대에 지구를 지배한 동물은 공룡이었다. 공룡 연구는 아직도 미해결인 분야가 많다. 뼈는 많은 부분이 남아 있어서 골격 연구는 상당한 성과를 이루었으나, 색깔이 어땠는지, 피부가 어땠는지 같은 것은 유전자 연구가 동반되지 않으면 확인이 어려운 분야다.

공룡의 모습은 도마뱀(파충류)에 가까웠을까 아니면 새(조류)에 가까웠을까? 최근 공룡의 외모에 대한 연구 결과가 대중 과학 잡지인 〈디스커버(*Discover*)〉 지에 나왔다.[50] 중생대 후기인 백악기 공룡인 벨로시랩터(랩터, velociraptor)의 추정도인데 이빨을 가졌으나 새의 발톱을 가지고 온몸이 깃털로 덮인 모습이다. 이는 온도가 일정한 항온 동물로 진화했다는 뜻이다. 깃털의 구성 성분은 비늘의 구성 성분과 같다. 영화 〈쥐라기 공원(*Jurassic Park*)〉에 나오는, 비늘로 덮인 모습과는 전혀 다르며 크기도 더 작다.

공룡 연구는 아직도 활발하게 진행 중이라 모습이 또 어떻게 바뀔지 모른다. 많은 공룡들이 깃털을 가지고 있었다고 한다. 과거에는 공룡을 척추

---

50 http://phenomena.nationalgeographic.com/2013/03/20/a-velociraptor-without-feathers-isnt-a-velociraptor/
http://www.amnh.org/our-research/science-news/2007/velociraptor-had-feathers

동물문 아래의 파충류강으로 분류하였으나, 지금은 공룡강으로 독립하여 다루거나, 조공강(조류–공룡강)으로 분류한다. 공룡은 멸종하지 않고 모습만 바꾼 것이다.

티라노(티라노사우루스)라면 중생대를 대표하는 거대한 육식 공룡의 하나인데 스필버그 감독이 만든 〈쥐라기 공원〉이라는 영화에 출연하여 더 유명해졌다. 하지만 영화에 나온 티라노와 실제 티라노는 다르다. 영화에 나오는 티라노는 코끼리보다 크고 두 발로 성큼성큼 뛰어다니며 초식 공룡들을 잡아먹는다. 하지만 이는 공포감을 극대화하기 위한 영화 속의 주인공으로서의 티라노이고 실제 티라노는 그렇지 않았다.

동물이 초식인지 육식인지는 동물의 이빨을 보고 판단하는 것이 보통인데, 육식 동물의 이빨에는 단면이 납작한(타원) 칼형과 단면이 둥근(원) 정형이 있다. 칼형은 스스로 사냥하는 동물로서 역시 〈쥐라기 공원〉에 나오는 랩터가 대표적이다. 반면에 이빨의 단면이 둥근 정형은 청소동물이다. 이런 육식 동물은 거의 죽어가는 초식 동물은 사냥하지만 활발히 뛰어다니는 초식 동물은 사냥하기 어렵다. 티라노는 이빨의 단면이 둥근 정형이다. 따라서 티라노의 생활상을 추정할 수 있다. 물론 같은 육식 동물을 두고 어디까지가 사냥 동물이고 어디부터가 청소 동물인지 딱 잘라 나눌 수는 없다.

두 번째 오해는 티라노의 크기인데 6~7톤을 넘지 않았을 것이라고 한다. 아시아코끼리가 5~6톤이고 아프리카코끼리는 6~7톤이다. 코끼리가 두 발로 뛰어다니는 것을 상상해 보면 알 수 있다. 전체 근육의 1/3에서 절반이 다리로 가지 않으면 코끼리는 두 발로 뛰어가지 못한다. 거기에다 코끼리는 열효율이 높은 온혈 동물이고, 티라노는 열효율이 낮은 변온 동물이다(이에 대해서는 반론도 있다).

위키피디아(Wikipedia)를 보면 티라노의 무게를 7톤까지 써 놓았는데 무게가 많이 나갈수록 느리고 지구력이 떨어져 초식 동물을 멀리까지 추적하지 못한다. 그렇게 클 필요가 없다. 사자가 하마만큼 크면 다 굶어죽는다. 티라노는 대부분 코끼리 크기를 벗어나지 않았으며 어슬렁거리고 다니다, 병들었거나 늙은 동물을 만나면 청소하여 전염병이 퍼지는 것을 막았을 것이다. 초식 동물 입장에서는, 티라노는 고통을 끝내 주는 고마운 존재였고, 무리를 지어 비호처럼 덤벼드는 랩터가 훨씬 더 무서운 존재였을 것이다.

그러면 이제 마지막 의문인데 오늘날 코끼리와 티라노가 맞붙으면 어느 쪽이 이길까? 아마 어린이들은 대부분 티라노에 손을 들어 줄 것이다. 체격은 비슷하나 네 발로 가는 코끼리가 두 발로 가는 티라노보다 빠르다(티라노 속력: 시속 15~20 km). 지금처럼 중생대에 비해 산소가 줄어든 대기에서 호흡해야 하는 상황에서는 더욱 그렇다. 지구력 역시 포유류인 코끼리가 오래간다. 이빨도 코끼리의 상아가 더 위력적이다. 가장 큰 차이는 두뇌인데 코끼리는 아주 영리하다. 동물원에서 영장류 다음으로 영리하다. 티라노의 지능은 공룡의 후손인 새를 통해 추측할 수 있다. 필자는 지능이 뛰어난 코끼리가 대부분 이길 것이라고 본다.

티라노가 처음부터 그렇게 거대한 공룡이었던 것은 아니다. 티라노는 본래 중간 크기의 평범한 육식 공룡이었다고 한다. 그런데 왜 커졌을까? 초식 동물이 육식 동물을 피하는 방법에는 여러 가지가 있지만 크기를 이용한 방법에는 두 가지가 있다. 첫 번째는 소나 말처럼 크기를 키워 육식 동물이 덤비지 못하게 하는 것이다. 두 번째는 토끼나 다람쥐처럼 크기를 줄여 아주 빠르게 진화하여 육식 동물을 피하는 것이다.

초식 동물이 진화하면 육식 동물도 함께 진화한다. 일부 티라노의 조상은 크기를 키워 크고 힘센 초식 동물을 쫓아갔고, 또 다른 티라노의 조상은 반대로 크기를 줄여 작고 빠른 초식 동물들을 쫓아갔다. 크기를 키운

첫 번째가 우리가 아는 티라노사우루스다. 그런데 크기를 줄임으로써 스피드를 얻어 초식 동물을 추적해 간 티라노의 조상은 깃털을 갖게 되었고 최종적으로 새로 진화했다. 고양잇과가 일부는 작게 진화하여 쥐나 토끼를 쫓고, 일부는 크게 진화하여 소나 사슴을 쫓는 것이나 마찬가지다. 이는 바닷속에서도 유사하게 벌어져, 암모나이트의 일부가 껍데기를 벗고 대신에 스피드를 갖게 되었는데 이들이 오징어다.

요즘 고생물학자들은 모든 조류의 유전자와 모든 공룡의 유전자를 비교하고 있는데, 현존하는 조류 중 티라노의 유전자와 가장 유사한 조류가 닭이라고 한다. 즉 크기가 줄어든 티라노의 조상이 닭으로 진화한 것이다. 닭은 인간 가까이에 살며 지구에서 가장 번성하고 있는 조류다. 크게 진화한 티라노는 멸종했으나 작게 진화한 티라노의 후손은 지금도 존재한다. 티라노의 생존 능력에 새삼 놀란다.

9

바다의 티라노사우루스, 모사사우루스

중생대에 육상 육식 공룡을 대표하는 종은 티라노 종류다. 어린이들까지 포함하여 모르는 사람이 없다. 공룡 장남감에 티라노가 빠져서는 안 되며 공룡 만화 영화에도 꼭 나온다.

육지는 그렇고 바다는 어떠했을까? 바다에도 육지의 티라노에 해당하는 공룡이 살고 있었을까? 바닷속에도 수많은 육식 공룡들이 살고 있었는데 그중에 크기가 가장 컸던 대표적인 해룡이 모사사우루스다. '모사소어'라고도 하는데 길이가 무려 10 m 이상으로 오늘날 범고래 정도의 크기다. 영화 〈쥐라기 공원〉을 보면 물속에서 솟구쳐 거꾸로 매달아 놓은 상어를 낚아채는 수중 공룡이 나오는데 이것이 모사사우루스다.

모사사우루스의 추진력은 길이의 거의 절반에 이르는 꼬리에서 나왔는데 오늘날의 악어와 유사하다. 최대 속력은 시속 약 50 km로 추정된다. 물속에서 이 속력은 굉장히 빠른 것이다. 악어보다 훨씬 빠르지만 악어와 다르게 완전히 물속으로 들어가 발이 지느러미로 변하여 육상으로 나올 수 없었다.

당시는 고래[51]가 아직 출현하지 않았을 때이므로 모사사우루스가 최강

51 고래는 5,000만 ~4,000만 년 전에 육지에 살던 늑대 비슷한 동물이 바다로 들어가 적응한 결과다. 상어와 악어보다 월등한 청각 능력을 발전시켜 경쟁했다.

자였다. 혹시 메갈로돈이라는 고대 대형 상어 종류가 모사사우루스보다 더 세지 않았을까 하고 생각할 수도 있지만 메갈로돈은 신생대 동물로 중생대에는 없었다. 억지로라도 서로 시대가 다른 동물들을 비교한다면 크기와 힘이 비슷하였을 때 미래 동물이 우세할 가능성이 높다. 유튜브를 보니 그래도 가장 강력한 경쟁자들은 당시 상어 종류였을 것이라고 한다. 소행성 충돌로 인한 기후 변화 후 상어는 살아남았으나 모사사우루스는 사라졌다.

모사사우루스가 처음부터 바다에서 진화하여 그런 거대한 해룡이 된 것은 아니다. 본래는 육상에 살던, 길이 1~2 m 내외의 평범한 도마뱀이었다고 한다. 그런데 육상 경쟁에서 밀려나 생존이 어렵게 되어 바다로 피신한 것이 그 시작이라고 한다. 이후 600만 년 동안 길이가 약 10배로 커졌는데 길이가 10배 증가라면 부피는 1,000배 증가다.

바닷속이 생존에 적합했던 것이다. 바다로 피신하여 모사사우루스가 된 작은 도마뱀은, 이제 반대로 물 근처에서 배회하는 과거의 천적들을 무자비하게 사냥하는 입장이 되었다. 만일 모사사우루스가 육상에 그대로 만족하고 남았다면 바다로 피신하는 도마뱀들을 보며 패배자라고 비웃었을 것이다.

10

네스 호에 네시가 살까?

깊은 산이 있다고 가정하자. 여기에 호랑이가 사는지 안 사는지를 어떻게 알 수 있을까? 가장 좋은 방법은 카메라를 설치하여 모습을 찍는 것이다. 아니면 배설물이나 발자국 등등의 간접 증거라도 찾아오면 된다.

생물학자들에게 물으면 무슨 답변을 할까? 산에 호랑이가 살려면 생태계의 먹이 사슬이 이루어져야 한다. 한 부분이라도 끊기면 살아갈 수 없다. 예를 들어 호랑이 1마리가 살려면 그 활동 영역에 적어도 사슴 50마리가 필요하다. 이와 같은 방법으로 먹이 사슬의 구성을 확인해 보는 것이다. 먹이 사슬이 형성되지 않은 산에는 당연히 호랑이가 살기 어렵다. 백 번 양보해서, 호랑이가 어찌어찌하여 그 산을 통과해 갈 수는 있다고 쳐도 거주는 어렵다.

영국의 북부 스코틀랜드에 있는 [그림]의 네스 호라는 호수에 공룡 닮은 괴물이 있느니 없느니 말들이 많다. 네스 호에 산다고 해서 '네시'라고 이름 붙였다. 괴물의 존재를 확인하는 것은 의외로 아주 간단하다. 호수의 물고기 분포를 알아보면 그 호수에서 생존 가능한 동물의 최대 크기가 나오기 때문이다.

네스 호는 추운 냉호로 물고기가 많은 호수가 아니다. 여기서 물고기를 먹고 사는 동물이라면 아무리 큰 동물이라도 물개 크기를 벗어나기 어렵다는 것이 학자들의 결론이다. 그만큼 건강한 생태계의 유지를 위해서는 먹

[그림] 영국 북부 스코틀랜드에 있는 네스 호. 길이가 약 40 km에 이르는 가늘고 긴 호수로 관광지로 유명하다.

이 사슬을 비롯한 환경 요인이 중요하다.

결국 현 생물학을 기반으로 하여 판단하면 네스 호에 황소 크기 이상의 큰 육식 동물은 없다는 뜻이다. 여러 지역의 호수에서 발견되는 목이 긴 큰 동물은 대부분 대형 뱀장어 종류다.

참고 **긴 목을 물 위로 내놓고 있는, 그 유명한 네스 호 괴물 사진은 호수의 전설을 극대화하기 위해 장난감을 이용하여 조작한 것으로 1994년에 밝혀졌다.**

11

과거에서 온 동물, 미래에서 온 동물

영화 〈쥐라기 공원〉에서는 중생대 공룡이 현대에 살아서 다시 나오는데 그 위력이 어마어마하다. 영화를 보면서 어린이들은 무슨 생각을 했을까? 영화를 만드는 제작진은 논리가 맞느냐 안 맞느냐보다는 관객을 얼마나 끌어 모을 수 있으냐가 더 중요하다.

지구는 약 45억 년 전에 만들어져 35억 년 전에 생명이 탄생하고 이후 지금까지 일관된 진화를 해 왔다. 그 최종적인 결과가 인간의 출현이다. 자, 1,000년 전인 고려 시대를 생각해 보자. 만일 타임머신을 타고 현대인이 1,000년 전으로 가고, 마찬가지로 2,000년 전 삼국 시대 사람도 타임머신을 타고 1,000년 전 고려 시대로 가서, 세 사람이 모인다고 생각해 보자. 세 사람이란 고려 시대를 기준으로, 고려 현대인, 미래에서 온 사람(21세기의 우리), 과거에서 온 사람(삼국 시대 초기인)이다.

삼국 시대 사람이 1,000년 후인 고려 시대에서 잘 적응하고 살 수 있을까? 아마 어려울 것이다. 북한은 문화적으로 우리보다 약 한 세대인 20년 뒤졌는데도 불구하고 오늘날 북에서 이주해 온 새터민은 남한 사회에 적응하기가 어렵다. 1,000년을 뒤진 삼국 시대 사람이 고려 시대 사회에서 살기란 정말 어려운 일이다. 이제 1,000년 전으로 내려간 우리를 생각해 보자. 우리는 고려 시대 사람의 눈으로 보면 전지전능이다. 아마 고려 시대에 우리는 신으로 추앙받을지도 모른다. 고려 사회를 크게 흔들 수도 있다.

아니 1,000년까지도 필요 없다. 미주 대륙 원주민이 유럽인들에게 정복당한 것은 미주 대륙 원주민에게 유럽인은 미래에서 온 존재나 마찬가지였기 때문이다. 20세기 초에 우리가 일본에게 나라를 빼앗긴 것도 이와 유사하여, 100년 전 우리 선조들에게 일본인들은 미래에서 온 존재 같았을 것이다.

미래에서 온 존재는 이렇게 무서운 것이다. 그들은 이미 진화 단계를 멀리 지나갔기 때문이다. 물론 여기에는 지구가 발전하고 생명체는 진화한다는 가정이 따르는데 실제로 그래 왔다.

1억 년 전의 생명체가 지금 살아온다면 무서운 존재일까? 아마 며칠 살기도 어려울지 모른다. 1억 년 후의 세상인 지금은 너무나 발전했다. 생존 경쟁은 훨씬 더 치열해졌다. 1억 년 전의 유전자로 만든 신체 구조로는 아주 원시적인 박테리아 아니면 감당해 내기 어려울 것이다.

반면에 1억 년 후의 생명체가 지금 우리 앞에 나타났다고 가정하자. 1억 년을 더 진화한 그 생명체는 우리가 상대하기 어려운 무서운 존재가 될 가능성이 크다. 지구 생태계 전체를 뒤흔들지도 모른다. 그런 면에서 타임머신이 없는 것이 천만다행이다.

영화 〈쥐라기 공원〉에서는 멧돼지를 추격할 때도 사냥개가 필수인데 공룡이라는 맹수를 사냥개 없이 추격한다. 실제 상황이라면 사냥개 몇 마리만 풀어놓으면 지능과 기동력과 후각 등에서 월등히 우세한 사냥개가 중생대보다 산소량이 적어 어슬렁거리며[52] 겨우 움직이는 공룡을 어렵지 않게 제압할 수 있을 것으로 본다. 영화는 영화일 뿐이다.

52 공룡이 현대에 오면 산소 부족으로 중생대처럼 달릴 수 없다.

12

공룡 멸종 후 400만 년, 다니안 시대

지구는 약 45억 5,000만 년 전에 탄생했다. 지구 탄생 후 약 10억 년이 지나 생명체가 출현했다. 35억 년 지구 생명체 역사에서 80% 시기는 원생동물 수준이었다. 이는 외계에 나갔어도 비슷할 것으로 추정한다. 지구를 공부하는 것이 우주를 공부하는 첫걸음으로, 지구 과학이 우주 과학의 시작이자 끝이라고 생각한다. 우주를 연구해도 결국은 지구로 돌아올 것이다.

6,500만 년 전에 소행성이 지구로 돌진하여 멕시코 유카탄 반도의 얕은 해저에 충돌하자 지각이 깨져 하늘을 덮었다. 햇빛을 차단하자 춥고 어두운 겨울이 반년 정도 계속되었다. 반년 동안 광합성을 못 하자 대부분의 식물들이 멸종했고, 식물들이 멸종하자 동물들도 멸종했다. 생태계 순환이 끊어진 것이다.

밤이 계속되자 주간 생활에 익숙해 있던 공룡은 멸종했으나, 평소에도 야간 생활을 하던 포유류는 살아남았다. 나무 위 생활, 즉 수상생활을 하던 영장류도 살아남았다. 약간의 에너지만 있으면 대사 유지에 충분하고, 털가죽으로 덮여 있어 추위에도 강하고, 밤에도 잘 보고, 냄새로 먹이를 찾으니 극한 환경에서 생존하는 데 유리할 수밖에 없었다. 공룡들 중에서는 새로 진화하여 하늘로 진출한 소형 공룡 종류만 살아남았다.

물론 중생대의 조류와 포유류가 다 살아남은 것이 아니고 조류와 포유류 역시 대거 멸종하였지만 공룡처럼 다 사라지지 않고 명맥을 이어 지구에 남은 것이다. 그리고 공룡이 없는 신생대가 되자 포유류가 낮의 세계로 나와 크기를 키웠다. 포유류의 일부는 바다로 돌아갔는데 이것이 지구 역사상 최대의 동물인 고래의 출현이다. 앞다리는 지느러미로 변했고 뒷다리는 없어졌으며 큰 꼬리가 생겼다.

공룡의 멸종은 단순히 소행성이 충돌했기 때문만은 아니다. 소행성 충돌에 의한 자연재해를 이겨낼 힘이 없었기 때문이다. 새로운 종은 항상 만들어지고 또 소멸한다. 어떤 생명체가 번성할 때는 멸종되는 종의 숫자보다 새로 만들어지는 종의 숫자가 많고, 소멸할 때는 그 반대다. 종의 다양성이 환경의 급변을 견뎌 내는 힘이다. 소행성이 충돌하기 2,000만 년 전인 백악기 후반부터 이미 공룡은 새로 만들어지는 종의 숫자보다 소멸하는 종의 숫자가 많아 쇠퇴기에 들어서고 있었다. 만일 소행성이 충돌하지 않았다고 해도 대형 공룡은 대부분 멸종하고 주도권은 포유류에게 내준 채 중소형 크기만 남아 오늘날의 파충류 정도의 번성을 하고 있었을 것으로 추정한다.

공룡 멸종 후 지금까지의 시기를 신생대라 부르는데, 앞을 3기, 뒤를 4기라 한다. 신생대를 1기나 2기부터 세지 않는 이유는 나중에 2기 이전은 중생대와 그 이전으로 별도로 분류되었기 때문이다. 4기는 지금부터 약 180만 년 전에 시작했다. 즉 신생대는 대부분 3기에 해당한다. 3기와 4기가 나뉜 것도 소행성 충돌로 인하여 갑자기 추워져 많은 생명체들이 멸종했기 때문으로 단지 소행성의 크기에 차이가 있을 뿐이다.

신생대의 3기도 몇 세로 나뉘는데, 그중에 가장 앞의 1,000만 년을 팔레오세라 하고, 팔레오세도 세 개로 나누어 맨 앞의 400만 년을 다니안(Danian) 시대라 부른다. 즉 다니안 시대는 공룡이 멸종한 직후인 신생대의 시작 시기다. 3기와 4기 내부를 다시 '세'로 나누는 것도 마찬가지로 작은 소행성 충돌에 따른 것이다. 지구 생명체의 진화에 가장 큰 영향을 미친 것은 소행성 충돌에 따른 기후 변화다.

복원 순서는 멸종 순서와 같다. 멸종할 때 식물이 먼저 멸종하고, 다음에 초식 동물이 멸종하고, 마지막에 육식 동물이 멸종하듯, 복원 순서도 일반적으로 식물이 먼저이고, 그다음이 초식 동물이고, 육식 동물이 마지막으로 복원된다. 따라서 당시에 동물은 아직 많지 않았다.

소행성 충돌로 지구상 생명체의 70 %가 멸종하고 신생대가 새로 시작했는데 생명체들이 조금씩 늘어나기 시작했으나 아직 많지 않았다. 소행성충돌로 공룡만 멸종한 것이 아니고 다른 동물들도 평균 70 %가 사라진 상태로 누가 복원되고 복원되지 못했느냐가 문제였다. 어느 동물이 팽창하려면 어느 정도 숫자가 필요하다. 공룡도 하룻밤에 멸종한 것이 아니라 수백 년을 두고 서서히 멸종했는데 숫자가 회복되지 않은 것이다.

소행성 충돌 이후 파충류는 거북과 악어 종류를 중심으로 살아남았다. 악어는 참 대단한 동물이다. 지구가 다시 소행성과 충돌해도 또 살아남을 동물로 필자는 악어를 꼽는다. 조류는 상당수 살아남아 늘어나기 시작했다.

원시 포유류 역시 공룡과 함께 다 멸종하고 딱 두 종류만 살아남았는데, 하나가 유대류고 다른 하나가 태반류였다. 그런데 유대류는 지금 캥거루 등 소수만 남고 멸종하고, 태반류가 포유류를 대표한다.

포유류는 공룡이 멸종할 때는 최대 크기가 고양이 정도였다고 한다. 그리고 대부분 야행성으로 공룡을 피해 다녔다. 공룡에 눌려서 크게 진화를 할 수 없었다. 그런데 공룡이 사라지자 이때부터 서서히 커지기 시작하여 염소 크기까지 성장한 포유류가 나타났다. 하지만 오늘날 지구상 최대 크기의 동물인 고래가 등장하기까지는 아직도 많은 시간이 필요했다.

공룡 멸종 직후 나타난 영장목의 모습과 가장 가까울 것이라고 추정되는 것은 나무타기쥐다. 아직도 식충목의 특징들이 남아 있어서 영장목이 식충목(두더지와 박쥐는 쥐 종류가 아니다.)에서 분화된 것으로 본다. 그런데 현재는 분자 생물학에 의한 분류학의 발달에 따라 식충목을 하나의 분류군으로 받아들이지 않는다고 한다.

인간의 조상인 원숭이목(영장목)은 중생대 3기 중 마지막 기인 백악기에 출현하는데, 나무를 올라 다니며 곤충을 잡아먹던 잡식 쥐와 비슷한 모습이 아니었을까 추정된다. 단, 다른 쥐 종류와 달리 야행성이 아니고 주행성이었다는 것이다. 깊은 숲속의 나무 위에서 살다 보니 낮에도 공룡을 피할 수 있었다. 즉 주행성 원시 쥐가 영장목의 조상이라고 본다.

약 1,000만 년 동안의 팔레오세가 끝날 무렵, 포유류의 여러 목들이 등장하여 오늘날 포유류의 골격을 형성하게 된다. 공룡이 떠난 후 빈 생태계에서 마음껏 번성하여 다양한 종류가 나타나게 된 것이다. 무엇이든 번성의 첫 번째 증거가, 숫자가 많아지는 것보다 종류가 다양해지는 것이다. 동일한 것으로 숫자가 많은 것은 환경 변화에 따라 한 번에 멸종할 수도 있으나 종류가 다양하면 일부는 살아남는다. 즉 다양성의 증가는 번성의 증거다.

13

종달새와 강아지의 음악 시간

집에 종달새와 강아지를 키우고 있다고 치자. 둘에게 바흐 같은 명곡을 들려주거나 모나리자 같은 명화를 보여 주면 종달새와 강아지는 각각 어떻게 느낄까? 답은 미술에는 종달새가 더 반응하고 음악에는 강아지가 더 반응한다는 것이다.

낮에는 햇빛 때문에 시각이 우선 반응하고 햇빛이 없는 밤에는 청각이 우선 반응한다. 약 2억 5,000만 년 전 거대한 소행성이 육지에 떨어져 지각이 깨지고 대규모 화산이 폭발하여 온실효과로 지구가 더워져 바다 온도가 올라갔다. 그 결과 지구 생명체의 95 %가 멸종하고 고생대가 끝났다.

멸종이 끝난 후 멸종을 버텨 낸 새로운 종류의 동물들이 출현했는데 이것이 파충류다. 고생대에도 파충류는 출현하여 양서류와 경쟁하고 있다가 양서류가 대거 멸종하자 파충류가 대번성을 하게 된 것이다. 양서류는 알껍데기가 물렁물렁하고 물이 반드시 있어야만 번식이 가능하나, 파충류는 알껍데기가 단단하여 물 밖에서 번식이 가능하다. 이는 페름기 운석 충돌로 바닷속에 산소가 고갈되자 육지에서 산란하게 된 결과다. 파충류가 지구의 주인으로 등장한 것이 중생대의 시작이다.

그 원시 파충류의 일부가 진화하여 공룡류와 포유류가 생겼는데 공룡이 먼저 대형화에 성공했다. 대형화에 성공한 공룡은 낮을 지배하고, 여기서 밀린 포유류는 어쩔 수 없이 밤의 동물이 되었다. 포유류는 춥고 어두운 밤으로 밀려날 수밖에 없었으나 그 대신 청각 및 후각 능력과 피부 능력을 발전시켰다.

눈에는 네 가지 원추세포가 시각을 지배한다. 빛의 삼원색인 빨강, 파랑, 녹색과 어둠을 보는 암영세포다. 주간 생활을 하는 공룡은 빨강, 파랑, 녹색이 발달하고, 야간에 필요한 암영세포는 퇴화했다. 반면에 야간 생활을 하던 포유류는 낮에 필요한 빨강이 퇴화하고, 파랑, 녹색에 더하여 야간 생활을 위한 암영세포가 발달했다. 거기에 야간에 먹이를 구하는 데 유리하도록 후각이 발달하게 되었다.

소형 공룡이 진화한 새는 색을 사람처럼 컬러로 본다. 따라서 종달새는 모나리자를 컬러로 본다. 반면에 포유류인 강아지는 청록색으로만 본다. 전혀 다른 세상이다. 물론 투우장의 소도 빨간색을 구분하지 못한다. 반면에 종달새는 밤이 되면 그림을 못 보는데 강아지는 밤에도 그림을 본다. 강아지는 야간 시력이 종달새보다 월등히 우수하기 때문이다.

공룡이 낮을 지배하게 된 것은 포유류에 비해 체격이 컸기 때문인데, 체격이 커진 이유는 산소가 많았던 것 외에 뼈 속을 비워 기낭을 만들었기 때문이다. 그러면 더 많은 산소를 호흡할 수 있다. 마치 자동차 엔진의 배기량이 커지면 자동차 차체의 크기도 커지는 것과 유사하다. 공룡의 기낭은 나중에 새로 진화하는 발판이 된다.

체격이 크면 더 많은 에너지를 흡수해야 하므로 무엇보다 갑작스런 환경 변화에 적응하기 어렵다. 온도 변화 같은 기후 변화에도 체격이 크면 불리하다. 체격이 작아야 온도 변화가 작은 땅속으로 들어가 버틸 수 있다.

포유류는 야간 생활을 하게 되면서 후각을 발달시키고, 낮보다 춥기 때문에 비늘을 털가죽으로 변화시켰다. 그리고 알 대신에 새끼를 낳아 젖으로 키우게 되었다. 포유류의 정의가 '젖으로 새끼를 키우는 동물'이라는 뜻이다. 포유류 중에 초기 모습을 간직하고 있는 것이 캥거루 같은 유대류다.

영장목이 나무 위로 올라가 수상생활을 하면서도 청각 능력은 그대로 유지되어 오늘날 우리가 음악 감상을 하게 되는 기초가 되었다. 종달새는 우리가 듣는 소리를 완전히 다는 못 듣는다. 초음파를 보내고 받는 소나 능력도 고래와 박쥐 같은 포유류가 월등히 우수한데 그것도 중생대의 야간 생활 덕분이다. 힘든 역경이 뛰어난 능력을 키워 낸 것이다.

14

고양잇과의 진화

생물학적으로 표범은 치타에 가까울까, 아니면 사자에 가까울까? 얼핏 보면 표범은 치타에 훨씬 가까운 듯하다. 하지만 사실 표범은 사자에 더 가깝다.

중생대에 식육목이라 불리는 개와 고양이와 곰의 공동 조상이 있었는데 신생대에 각기 분화되기 시작했다. 곰은 잡식으로 진화했지만 고양이는 오로지 육식으로만 생존했다. 신생대에 고양잇과 동물이 나타났을 때는 지금의 고양이 정도 크기였다고 생각된다.

그 고양이가 다리 구조에 따라 둘로 나뉘었다. 점핑캣과 런닝캣이다. 점핑캣은 숨어 있다가 기습적으로 사냥하는 종류로, 발톱이 발가락 속으로 들어가 걸을 때 소리가 안 난다. 반면에 런닝캣은 발톱이 말발굽처럼 진화하여 속으로 들어가지 않고 달리는 쪽으로 진화했다. 달리기 위해서는 기본 크기가 필요하므로 처음에는 런닝캣이 점핑캣보다 체격이 컸을 것으로 추정된다.

그런데 진화 과정에서 런닝캣은 발전하지 못했다. 빠름이 은밀성만 못했던 것이다. 빙하기가 끝나는 약 1만 2,000년 전에 다 멸종하고 현재 치타 한 종류만 겨우 살아남아 고양잇과를 구성하고 있다. 고양잇과는 본래 야행성이었는데 치타는 달리기 위하여 시야가 확보되는 주행성으로 생활을 바꾸었다. 근육도 달리는 데 필요한 근육을 제외하고는 모두 퇴화했다.

따라서 치타는 고양잇과에서 가장 먼저 분화된 종류로 고양잇과의 장남이라고 볼 수 있다.

점핑캣은 크게 성공했는데 다양한 방향으로 진화했다. 우선 점핑캣은 목 구조에서 둘로 나뉘었다. "야옹" 하는 종류와 "크르렁" 하는 종류로 나뉜 것이다. 전자를 '고양이아과'라 부르고 후자를 '표범아과'라 부른다. 표범아과가 "크르렁" 하게 되었다는 것은 숨구멍과 목구멍이 커진 것이다. 분류학상 '목-과-속-종'으로 가지만 '과' 아래에 '아과'를 둔 것이다(일부에서는 다른 속으로 분류하기도 한다). 우리가 아는 고양이들은 대부분 고양이아과다. 우리나라의 스라소니도 고양이아과다.

고양이아과는 작은 체격을 유지했지만 머리가 커진 표범아과는 대형화되었다. 단, 고양이아과 중에서도 훗날 대형화된 경우가 생겼는데, 미주대륙에서 독립적으로 진화한 퓨마다. 본래는 작은 체구였으나 지금은 표범 크기다. 이와 반대로 표범아과 중에도 크기가 줄어들어 약 10 kg 내외로 스라소니만 한 것도 있는데 동남아 정글에 사는 황금고양이다. 황금고양이는 스라소니와 다르게 성격이 온순하고 새를 잘 사냥한다고 한다.

표범, 재규어, 호랑이, 사자는 '표범속'으로 가장 가까운 친척이다. 재규어가 표범에서 분리되고, 마지막으로 약 200만 년 전에 호랑이와 사자가 분리되었다. 따라서 호랑이와 사자는 고양잇과 동물의 막내다. 둘은 표피 무늬는 상당히 다르지만 골격만 놓고 보면 거의 구분이 안 된다. 즉 호랑이와 사자는 거의 동일하여 힘으로 우열을 가릴 수 없다. 표범의 입장에서 눈표범보다 호랑이와 사자가 더 가깝다. 반면에 치타는 표범의 가장 먼 친척이다.

치타는 표범에 비해 체중이 적게 나가는데 기록에는 90 kg에 이르는 것이 있어서 영양이 아니라 소를 사냥했다고도 한다. 그런데 치타가 체중이 100 kg 가까이 되면 둔해서 고유의 방법으로는 사냥이 불가능하고 호랑이나 사자 같은 방식으로 사냥 방법을 변경해야 한다.

과거 중국에서 호랑이를 남아프리카공화국 국립공원에 풀어놓은 적이 있었다.[53] 연구 결과는 호랑이가 아프리카에서 살아남으려면 사자처럼 사냥 방식을 바꿔야 한다는 것이었다. 이는 호랑이처럼 느린(표범이나 치타 같은 경쟁자들보다 느리다는 뜻) 대형 육식 동물은 인간이 사냥이 쉽도록 도와주지 않는 한 협동 사냥이 아니면 굶어죽는다는 뜻이다.

작은 고양이는 얼굴이 납작하나 표범 등 대형 고양이들은 얼굴이 길다. 신체 구조가 호랑이는 눈표범과 비슷하고 사자는 재규어와 비슷하다고 한다. 그리고 눈표범이 먼저 나타났다. 이것은 표범아과는 히말라야와 티베트를 비롯한 중앙아시아 고지대에 살던 작은 고양이들 일부가 추운 환경에 적응하면서 진화한 것이라는 뜻이다.

인도 대륙판이 아시아대륙판과 5,000만 년 전에 충돌하여 약 3,000만~4,000만 년 전에 지금의 히말라야 산맥이 형성되었다. 지형이 올라가자 날씨가 추워졌고, 히말라야에 살던 일부 고양이들이 추운 공기를 호흡하느라 코와 목구멍이 커졌는데 이것이 표범아과의 출현이라고 본다. 따라서 사자를 비롯한 표범아과는 아시아 중심부에서 발생하여 북미 대륙을 비롯하여 전 세계로 퍼져나갔다는 뜻이다. 인류가 아시아에 들어온 것이 100만 년 전이므로 이들은 훨씬 먼저 아시아 대륙을 지배했다.

대형화는 진화의 꽃이기는 하나 환경이 급변하면 일반적으로 먼저 멸종한다. 특히 인간이라는 괴물과의 경쟁에서는 더욱 그렇다. 미래로 가더라도 고양잇과 중 생존 가능성은 작은 고양이가 가장 높다.

---

53 유튜브에 관련 동영상이 있다.

15

400만 년 전 남미의 거대 설치류

동물의 분류에서 설치류는 앞니가 계속 자라나는 종류를 뜻한다. 이빨이 계속 자라나기 때문에 무엇인가를 항상 갉아야 한다. 그렇지 않으면 이빨이 길게 자라나 두개골을 뚫고 나가 죽게 된다. 토끼와 쥐 등 여러 종류가 있는데 가장 큰 것이 남미의 '카피바라'라고 부르는 종류로서 작은 돼지만 하다.

우리나라에서 가죽을 사용하기 위하여 수입했다가 실패하여 야생으로 돌아간 수중 설치류인 '뉴트리아'라는 종류는 길이가 꼬리 포함 거의 40 cm에 이르러 고양이도 함부로 덤비지 못한다. 뉴트리아는 오늘날 생태계 파괴종인데 단순히 사람들이 잡아들이는 것으로는 생태계 파괴를 막을 수 없다. 천적을 기르든가 아니면 고기와 가죽을 다시 사용할 수 있도록 방법을 개발하든가 해야 한다.

그런데 약 400만 년 전 남미에 요세포아르티가시아 모네시(*josepho-artigasia monesi*)라 명칭된 거대한 설치류가 살았다고 한다. 크기가 황소만 해서 웬만한 육식 동물이 덤비기 힘들었을 것이다. 멸종한 이유는 확실치 않으나 약 300만 년 전에 북미 대륙과 남미 대륙이 충돌로 연결되어 대규모 동식물 교류가 일어났고, 그 결과 남미의 거대 새를 비롯한 대규모 동식물이 멸종했는데 그때 멸종한 것이 아닌가 생각된다. 남북 미주 대륙 충돌에서 동물은 주로 따뜻한 남쪽에 살던 것들이 멸종했다. 식물은 자료를 찾아보지 않아서 알 수 없지만 대개 동물이 우세한 곳은 식물도 우세하다.

이후 최근 1만 2,000년 전 빙하기 막판에 미주 대륙과 아시아 대륙이 서로를 분리하던 빙벽이 녹아 사라짐으로써 충돌했는데 이번에는 미주 대륙 동물들이 대거 멸종했다. 충돌하면 다양한 동식물을 만날 수 있는 더 넓은 지역에 사는 것들, 또는 환경 적응이 어렵고 먹을 것도 구하기 힘든 더 추운 곳에 사는 것들이 대개 우세했다.

동식물의 크기는 진화의 결과물이다. 그리고 지금도 진화 중이다. 설치류 중에 가장 작은 쥐는 대번성을 하고 있다. 수많은 동물들이 인간 때문에 멸종 위기를 맞고 있는데 쥐만은 오히려 인간을 이용하고 있다. 동물들은 생존에 가장 적절한 크기를 갖도록 진화한다. 그런데 고양잇과가 놀라운 것은 쥐를 잡는 아주 작은 종류부터 소나 말을 잡는 아주 큰 종류까지 골고루 분포한다는 것이다. 물론 고양잇과의 90 % 이상은 작은 고양이다.

퀴즈 1 쥐는 작을수록 생존에 유리하다. 그리고 포유류는 박쥐가 최소 크기다.[54] 키티돼지코박쥐라는 미니 박쥐는 날개를 편 길이가 13 cm, 몸무게는 2 g에 불과하다. 곤충은 더 작아질 수 있는데 포유류는 안 된다. 왜일까?

퀴즈 2 체중이 각각 100 kg, 50 kg인 두 친구가 자취를 하는데 어느 날 이후부터 음식을 체중 비인 2 : 1로 먹기로 했다. 그런데 이렇게 죽 해오다 보니 한쪽이 배가 고파왔다. 어느 쪽이 배가 고팠을까?

사람이건 동물이건 음식을 섭취하는 것은 생활에 필요한 에너지를 얻기 위함이다. 포유류는 체온을 일정하게 유지해야 하기 때문에 가장 많은 에너지를 체온 유지에 사용한다.

---

54 박쥐는 익수목으로, 설치목인 쥐와는 전혀 다른 존재다.

온도를 가진 모든 물체는 표면을 통하여 전자기파 형태로 에너지를 내보낸다. 사람에게서 나가는 전자기파는 적외선이라 눈으로는 안 보인다(군대에서 사용하는 야간 고글이라 불리는 야간 투시경으로는 보인다). 그 에너지를 표면을 통하여 내보내기 때문에 에너지 소모는 표면적에 비례한다. 그래서 추운 지역 동물은 표면적을 줄이려 뭉툭하게 진화하고, 더운 지역 동물은 반대로 표면적을 늘이려 방열판처럼 진화한다.

두 사람이 먹는 음식이 동일하여 동일한 비율로 에너지를 낸다고 할 때, 부피에 비례하는 체중이 아니라 표면적의 비로 음식을 섭취해야 한다. 체중 비로 섭취하면 체중이 적게 나가는 사람(50 kg)이 배가 고프다. 체중 비인 2 : 1로 먹어야 되는 것이 아니고, 표면적 비인 $2^{(2/3)} : 1 = 1.59 : 1 = 2 : 1.25$로 먹어야 한다. 즉 체중이 50 kg인 사람이 체중 비일 때에 비하여 25 %를 더 섭취해야 공평하다.

생쥐를 보면 항상 무언가를 먹고 있다. 체중 비가 아니고 표면적 비로 먹어야 하므로 크기가 작은 포유류일수록 큰 포유류에 비하여 먹는 시간이 길다. 동물은 생리적으로 필요한 시간이 있다. 잠도 자야 하고 이동도 해야 한다. 그런데 생쥐보다 작으면 항상 먹고 있어야 하므로 다른 것을 할 시간이 없다. 결국 존재가 어려운 것이다.

항온 동물은 에너지 섭취 한계 때문에 미니 박쥐 크기가 최소인데 미니 박쥐는 에너지 효율을 극대화하기 위하여 육식이다. 최대한 고효율 에너지원을 섭취해야 하기 때문이다. 표면적을 통하여 빠져나가는 에너지는 온도의 4제곱에 비례한다.[55] 즉 온도가 2배가 되면 16배의 에너지가 빠져나간다.

퀴즈 3 $2^{(2/3)} = 1.58740\cdots$**인데 계산기를 사용하지 않고도 대략의 값을 알 수 있을까?**

풀이 테일러 근사식을 사용하면 된다.

$2^{(2/3)} = 1 + x$, $(0 < x < 1)$로 둔다.

$$2 = (1 + x)^{(3/2)}$$

$$= 1 + \frac{3}{2}x + \frac{1}{2!}\frac{3}{2}\left(\frac{3}{2} - 1\right)x^2 + \cdots \approx 1 + \frac{3}{2}x + \frac{3}{8}x^2$$

$x^2 + 4x - \frac{8}{3} = 0$을 푼다.

$$x = -2 + \sqrt{4 + \frac{8}{3}} \approx -2 + \sqrt{7} \approx -2 + 2.6 = 0.6.$$

$$2^{(2/3)} \approx 1 + 0.6 = 1.6.$$

55 슈테판 볼츠만의 법칙.

16

거대 상어 메갈로돈의 멸종

6,500만 년 전에 공룡의 멸망 이후 시작된 신생대는 바다가 따뜻했던 제3기와 약 200만 년 전에 시작되어 오늘에 이르는, 상대적으로 추워진 제4기로 나뉜다. 3기는 몇 개의 세(世)로 나뉘는데 오래된 것부터 팔레오세(6,500만 년 전~), 에오세, 올리고세, 마이오세(2,300만 년 전~), 플리오세 등으로 구분한다. 팔레오세는 중생대가 끝나고 신생대가 시작되어 많은 생명체들이 발전하기 시작하던 때고, 에오세 이후 동물들이 전성기를 맞아 거대하고도 이상한 동물들이 대거 출현한다.

메갈로돈(megalodon)은 올리고세 또는 마이오세에 바다에 나타나 플리오세까지 활동하다가, 4기에 들어서 멸종한 것으로 추정되는 거대 상어

[그림] 이빨 크기의 상대적 비교. 왼쪽이 일반 상어의 것이고 오른쪽이 메갈로돈의 것이다.

류다. 길이가 15~18 m 정도로 현재 바다에서 가장 큰 백상어의 3배 정도다. 물론 범고래보다도 컸다. 즉 고생대에 나타난 백상어의 일종이 중생대를 거쳐 살아남아, 신생대에 거대해졌다가 갑자기 사라진 것이다. 상어 영화 〈죠스〉의 모형이 이 동물이다.

이 정도의 거대 상어는 물고기만으로는 영양분 섭취가 어려워 고래를 잡아먹었다고 생각되고, 실제로 메갈로돈에게 공격받은 고래의 화석이 발견된다. 이는 바다에 있는 대형 동물은 뭐든 공격하여 먹이로 삼았다는 뜻이다.

하지만 신생대 4기가 되면서 빙하기가 찾아와 날씨가 추워지자 열대성 상어이던 메갈로돈은 이에 적응하지 못하고 사라진 것으로 보인다. 상어는 변온 동물로 체온이 바닷물 온도와 같아지는데, 온도가 낮아지면 몸이 둔해진다. 반면에 고래는 지방층이 두꺼워 극지방에서도 살아간다. 생명체의 진화에 가장 큰 영향을 미치는 것은 기후다. 또한 고래는 의외로 작은 크기의 동물들을 먹고 산다.

고래는 크게 수염고래와 이빨고래로 나뉘는데, 상어 등과 경쟁하면서 크기를 키우는 방향과 지능을 높이는 방향으로 나뉘어 진화한 것이다. 수염고래는 크기가 크지만 작은 먹이를 먹고, 이빨고래는 크기가 작지만 큰 먹이를 먹는다. 또한 상어는 후각으로, 고래는 청각으로 경쟁했는데, 고래의 청각인 소나 능력이 상어의 후각 능력보다 뛰어나다. 소나는 물속에서 초속 1,500 m인 음파를 이용하여 상대의 움직임을 실시간으로 파악할 수 있다.

더욱이 신생대 3기 말인 약 1,000만 년 전 단독 생활을 하던 메갈로돈과 다르게 무리 생활을 하는 이빨고래인 범고래가 출현하여 메갈로돈의 멸종을 앞당긴 것으로 보인다. 메갈로돈은 범고래와 먹이를 두고 경쟁했는데 날씨가 추워지자 불리해지기 시작했던 것으로 보인다. 지능 또한 돌고래의 일종인 범고래가 훨씬 우수하다. 또한 수염고래류도 메갈로돈이 멸종할 무렵 더 커져서 오늘날의 크기가 되었는데 이것도 어떤 관련이 있을지 모른다. 동물의 진화를 보면, 힘보다는 속력이, 단단함보다는 부드러움이, 크기보다는 지능이 대체로 생존에 유리했는데 이것은 다른 행성에서도 동일하게 적용될 원리라고 본다.

17

개의 가축화

분자 생물학은 유전자 비교를 통하여 서로 다른 두 종이 언제부터 달라졌는지를 알 수 있게 해 준다. 종이 같으려면 교배를 해서 같은 것이 나와야 한다는 뜻이다. 호랑이와 사자는 교배가 가능하나 교배로 나온 동물이 호랑이도 아니고 사자도 아니기 때문에 종이 다른 것이다.

늑대는 무리를 지어 먹이를 추적하는 동물이라, 달리기 어렵고 먹이는 숨기 쉬운 남미나 아프리카의 정글 지대에 살기 적합하지 못하다. 개는 본능적으로 사람을 따르나 늑대는 어릴 때부터 키워도 사람을 따르지 않는다. 늑대는 가축이 아니라 맹수라는 것을 명심해야 한다. 늑대와 개의 잡종인 늑대개도 마찬가지다.

개가 유전적으로 늑대와 구분이 된 시기는 약 1만 5,000년 전부터라고 한다. 인간이 아직 농경을 시작하기 전으로 수렵 생활을 할 때다. 인간이 늑대 새끼를 데려다 키우기 시작한 것은 동굴 등에 남아 있는 개 유사 동물의 뼈 화석을 통해 볼 때 대략 3만 년 전으로 동아시아 지역에서였다고 한다. 즉 늑대가 가축들 중에 가장 먼저 가축화된 동물이다. 대부분의 가축들은 마지막 빙하기 이후, 즉 1만 2,000년 전 이후에 가축이 되었다. 신대륙에는 시베리아인들이 마지막 빙하기가 끝날 무렵에 베링 육교를 통하여 들어갈 때 데리고 들어갔다.

가축이 되려면 사람을 잘 따라야 하고, 아무것이나 잘 먹고, 질병에 강하고, 추위에 강하고, 번식이 쉬운 등등 키우기가 쉬워야 한다. 멧돼지 고기는 돼지와 비슷하여 먹을 만한데 늑대 고기는 개에 비하여 맛이 없다고 하는 것은, 개가 가축화 과정에서 육질이 인간의 입맛에 적합하게 개량되었다는 뜻이다. 개의 색깔과 외모도 사람이 좋아하는 방향으로 개량되었다. 소화기관도 개량되었다. 사람은 풀과 곡식과 고기를 모두 소화하고, 늑대는 고기만 소화하는데, 개는 고기와 곡식을 소화하여 잡식화되었다.

개는 적이 침입하는 것을 알려 주고, 머리가 영리하여 사냥에 데리고 다닐 수 있다. 더욱이 서열 의식이 있어서 주인에 대한 충성심이 강하다. 개를 키울 때는 집에서 가장 나이가 어린 사람에게 개 먹이를 주도록 해야 한다. 개는 집단을 구분하는 능력이 있어서 같은 집단의 사람은 공격하지 않으나 다른 집단의 사람은 공격하여 물 수 있다.

늑대 새끼를 데려다 음식 찌꺼기로 키우면서 늑대와의 교배를[56] 차단한 결과 수많은 품종이 나타났다. 어떤 동물이든 발전할 때는 품종이 많아지고 멸망할 때는 품종이 줄어든다. 인간은 개의 품종을 개량하여 주머니에 넣고 다닐 만한 체중 1 kg 정도의 작은 개부터, 100 kg이 넘는 초대형 개까지 만들었다. 통상 20 kg 이하를 소형견, 20~40 kg 사이를 중형견, 40 kg 이상을 대형견이라 한다. 늑대는 성체가 30~50 kg으로 대형견에 해당한다.

갯과는 집단 사냥을 하므로 호랑이나 사자처럼 클 필요가 없다. 동물의 몸은 효율을 극대화하는 방향으로 진화한다. 에너지 소모는 최소로, 에너지 흡수는 최대로 해야 극한 환경에서도 살아남는다. 호주의 야생 들개인 딩고는 약 5,000년 전에 동남아시아에서 들어온 종류다. 체중은 대략 15~20 kg인데 집단 사냥을 통해 호주 육지의 가장 큰 야생 동물인 캥거루도 잡는다. 호주라는 자연환경에서 최소의 에너지를 소모하여 최대의 에

56 늑대 외의 다른 갯과 동물 유전자는 받지 않았다.

[그림] 호주의 야생 들개 딩고. 모두 황갈색 계통인데 보호색이다.

너지를 섭취할 수 있는 크기로 진화하였다.

표범도 체중이 40~60 kg에 불과하다. 체격이 더 크면 힘은 강해지나 순발력이 떨어진다. 100 kg이 넘게 되면 호랑이나 사자 같은 방식으로 사냥해야 한다. 나무에도 못 올라간다. 호랑이나 사자는 체중이 표범의 약 3배다. 약 1,000만 년 전에 미주 대륙에 에피키온(Epicyon)이라는 100 kg이 넘는 초대형 갯과 동물이 살았지만 결국 멸종했다.

개는 인간에 의지하여 대번성을 하고 있다. 들개라고 해도 대부분 민가에 내려와 사람들이 먹다 버린 쓰레기를 먹고 살아간다. 그런데 만일 어느 순간에 인간이 모두 사라지면 개는 어떻게 될까? 다시 늑대로 돌아갈까?

인간에 의존하는 개는 늑대만큼의 사냥 능력이 없기 때문에, 늑대와 경쟁해야 하는 대형견은 다 사라질 것이다. 또 고양이, 너구리, 여우 등 작은 동물과 경쟁해야 하는 소형견들도 다 사라질 것이다. 사람에게 많이 의존하는 개일수록 먼저 사라질 것이다. 산에 야생화된 개들을 보면 이른바 작은 개나 순종 개들은 거의 없고 대부분 중형의 잡견들이다. 잡견들이 질병에도 강하다. 따라서 1년 안에 90 % 이상이 사라지고 중형 크기의 잡견들이 생존할 확률이 높다.

개의 활동 지역과 늑대의 활동 지역이 겹치지 않는 한 개들은 늑대와 교배를 하지 않을 것이다. 따라서 만일 어느 순간에 인간이 사라지면 개는 늑대로 돌아가지 않고 대신 현재의 개도 늑대도 아닌 새로운 종류의 갯과 동물로 진화하리라 본다.

18

남미의 공포새, 테러버드

미주 대륙에는 퓨마와 재규어라는 대형 고양잇과 동물들이 산다. 언제부터 이들이 미주 대륙에 살게 되었을까? 퓨마와 재규어가 미주 대륙이 원산지라고 하여 미주 대륙에서 처음부터 발생한 것으로는 생각하지는 않을 것이다. '원산지'란 그곳에서 진화하여 지금의 모양을 갖춘 곳이다.

공룡 시대에는 고양잇과가 없었다. 그러다 공룡이 6,500만 년 전에 멸종하자 포유류가 대번성을 하게 되었고, 이들 중에 식육목이라는 육식 포유류가 나타났다. 사실은 공룡 멸종 전에 이미 식육목이 만들어졌다고 본다.

시간이 지나자 이들이 점차 진화하여 여러 종류로 나뉘었는데, 곰과, 갯과, 고양잇과, 사향고양잇과, 족제빗과, 물갯과, 바다코끼릿과, 하이에나과, 판다과 등이다. 식육목 중에서 판다과만 초식인데 본래는 육식이었으나 진화 과정에서 초식으로 바뀐 것이다. 지금도 구강이나 소화기 구조에 육식의 흔적이 남아 있다.

미주 대륙의 고양잇과 동물들은 본래 800만 년 전에서 1,200만 년 전 사이에 아시아에서 베링 해협을 건너 북미 대륙으로 건너간 것이 시작이다. 공룡이 멸종한 이후에 전 세계의 포유류들이 각각 진화했는데 고양잇과는 미주 대륙에서 발생하지 않았다. 호주 대륙에 본래 고양이와 개가 없었던 것과 유사하다.

아시아에서 북미 대륙으로 이주한 고양잇과는 독자적으로 진화하였고,

스밀로돈(검치호), 북미사자 등 대형 육식 포유류가 나타났다. 그런데 남미는 바다로 분리되어 있어서 이들이 가지 못했다. 북미에는 다이어늑대, 짧은얼굴대형곰, 심지어 북미치타도 있었다. 물론 이들은 빙하기 이후에 다른 대형 육식 동물들과 함께 멸종했다.

남미에서는 대형 육식 유대류만 있고 대형 태반류 육식 포유류가 없어서 전혀 다른 방향으로 생태계가 형성되었다. 새는 크기가 어느 정도 이상이 되면 육상으로부터 위협이 크지 않아 하늘을 날 필요가 별로 없었고, 그 결과 걸어 다니며 먹이를 구하면서 대형 육식 조류가 등장하게 되었다. 최종적으로 키 2~3 m에 체중이 200 kg 이상으로 진화했다. 참고로 타조는 키가 2 m 정도이나 체중은 100~150 kg이고 잡식이다.

남미 대륙에 대형 육식 조류가 등장하여 이들이 포유류를 사냥하게 되었다. 소위 공포새 테러버드(terror bird, Phorusrhacidae)의 출현이다. 이런 조류의 최초 등장은 약 5,500만 년 전으로 공룡이 멸종하고 약 1,000만 년 뒤다. 이들이 이후 점차 커졌는데 경쟁자가 없어서 한쪽 방향으로만 발전했다. 300만 년 전까지 무려 5,000만 년 동안 점차 커지며 남미 대륙을 지배했다. 화석은 아시아를 제외한 전 대륙에서 발견된다.

타조는 사자나 표범 같은 경쟁자들로 인하여 체중을 줄이고 속력을 증가시켰다. 공포새는 타조보다 힘은 세나 몸이 무거워 속력은 늦었을 것으로 생각된다. 타조는 집단생활로 서로를 지켜 주나, 자신들이 가장 강했던 공포새는 그럴 필요가 없어 단독 생활을 한 것으로 추정된다. 공포새의 부리를 보면 윗부분이 큰데 속이 비어 있어 저주파의 큰 소리를 낼 수 있게 되어 있다. 저주파의 큰 소리는 숲속에서 멀리까지 퍼지는데 이는 통신 기구로 단독 생활을 뒷받침한다. CT로 공포새의 두개골을 촬영해 보니 후각보다 시각을 관장하는 부분이 컸는데 이는 썩은 고기를 먹는 청소동물이 아니라 살아 있는 동물을 사냥했다는 뜻이다.

약 300만 년 전에 남북 미주 대륙이 서서히 접근하여 충돌하기 시작하자 남북 대륙의 동식물들이 섞이고, 그 결과 250만 년 전에 공포새가 멸종했다. 공포새 외에도 주로 남미 대륙의 동물들이 멸종했다. 북미는 아시아 대륙에서 계속 동물들이 들어와 유전적 다양성을 가지며 진화했으나, 섬으로 분리되었던 남미는 그렇지 못하여 주로 자신들의 유전자만으로 진화를 해야 했다. 두 대륙이 만나자 진화의 결과가 만든 유전적 실력의 차이가 극명해진 것이다.

두 대륙이 연결되기 전까지는 남미는 공포새에게 경쟁 상대가 별로 없는 낙원이었다. 그런데 대륙이 연결되어 북미로 가자 처음 보는 대형 육식 포유류를 만나게 되었다. 공포새가 1 : 1로는 스밀로돈을 이겼을 것이라고 추정된다. 하지만 북미의 대형 육식 포유류는 집단생활을 하였고, 집단으로 덤비는 그들을 공포새는 감당할 수 없었다고 본다. 결국 공포새는 다이어늑대 등의 먹이로 전락하고 말았을 것이다. 한때 자신들의 가장 큰 무기였던 큰 몸은 달아나는 데 불리했을 것이다.

항상 멸망의 원인은 번성의 원인 속에 있다. 너무 편하면 발전이 늦다. 경쟁자가 없으면 약해진다. 강한 경쟁자가 자신을 강하게 만드는 것이니 경쟁자에게 감사해야 한다. 만일 두 대륙이 한 번에 충돌하지 않고 폭 1 km 정도의 강을 두고 100만 년 정도 계속 있어서 서서히 섞였다면 공포새를 비롯한 남미 동물들도 유전적으로 몸의 형태를 바꾸며 적응할 시간이 있었을 것이다. 그런데 환경이 갑자기 변하자 이들에게는 유전자를 변화시켜 대처할 시간이 없었다. 공포새가 살아남으려면 타조처럼 진화해야 했다.

빙하기에 퓨마의 크기가 어느 정도였는지는 알려진 바 없으나 이미 현재 크기에 이르렀을 것으로 추정된다. 화석이 적은 것으로 볼 때 개체 수가 많지 않았던 것으로 보이며, 이는 스밀로돈 등 다른 대형 고양잇과에

눌려서 숨어 다녔다는 뜻이다. 반면에 재규어는 남북 대륙이 연결된 이후인 약 200만 년 전에 아시아에서 북미를 통해 들어온 표범이 진화한 것이다. 즉 가장 최근에 이민 온 종류다. 빙하기 이후 재규어가 멸종하지 않은 것은 남미에 살아서였다고 본다.

은밀히 사냥하는 재규어에게는 남미 정글이 더 적합했고, 대규모로 떼를 지어 뛰어다니며 살았던 말과 소와 코끼리 등은 북미 평원이 추워도 더 적합했다. 빙하기가 끝나며 갑자기 온도가 올라가자 이번에는 추운 기후에 적응해 살던 북미 대륙 동물들이 주로 멸종했다. 따뜻한 남미 대륙에 살던 동물들은 큰 영향을 받지 않고 살아남았다.

19

킹콩의 고향

킹콩은 거대한 고릴라인데 그 전설의 배경은 고릴라가 사는 아프리카가 아니라 고릴라가 살지 않는 아시아다. 영화에서도 아시아에서 킹콩이 발견되는 것으로 설정되어 있다. 왜 고릴라인데 아프리카가 아니고 아시아일까?

과거 베트남 전쟁 시절에 한 미국 관광객이 홍콩의 한 약재상에서 용의 뼛가루라는 것을 사 왔다. 저들이 무엇으로 사기를 치나 알아보려고 대학의 생물학과 교수로 있는 친구에게 그 뼛가루를 보냈다고 한다. 답변이 왔는데 지구상에 지금까지 알려진 어느 동물의 뼛가루도 아니라는 것이었다. 오히려 친구가 그 뼛가루를 어디서 구했느냐고 물었다.

생물학자들이 홍콩에 가 보니 동남아 정글에서 구한 것이라고 하여 베트남 전쟁 후에 동남아시아 정글에 들어갔다. 그들이 발견한 것은 거대한 영장류의 화석이었다. 이름 붙이기를 기간토피테쿠스(gigantopithecus). 초식성으로 키가 3 m나 되고, 고릴라보다 3배 이상 무거운 것이었다. 오늘날 우리가 본다면 입이 딱 벌어질 것이다. 표범이 고릴라를 못 이기는데 이 정도면 정글에서 대적할 만한 상대가 없었을 것이다.

이 거대한 유인원은 인도차이나 반도와 중국 남부 지역에서 살다가 현생 인류가 동남아시아에 들어간 약 30만 년 전에 멸종했다. 체격 조건은 인간보다 월등히 컸지만 지능이 따라올 수 없어 인간과 경쟁이 안 되었다.

이후 기간토피테쿠스의 화석은 중국 남부의 동굴에서도 발견되었고 10만 년 전까지도 살았었다는 주장이 나오기도 했다.

모든 동물은 생존에 가장 유리한 크기로 진화한다. 체격이 클수록 그 체격을 유지하기 위하여 많은 에너지가 필요하고, 에너지 공급이 안 되면 멸종한다. 또한 체중이 100 kg을 넘어가면 순발력이 떨어지기 시작한다.[57] 아시아의 유인원은 오랑우탄만 남았는데 기간토피테쿠스의 털 빛깔을 비롯한 외모가 오랑우탄과 비슷하지 않았을까 추측한다.

그런데 거대한 고릴라의 전설은 동남아시아는 물론 중국의 고대 지리서인 《산해경(山海經)》에도 '성성이'라 하여 비슷한 동물이 나온다. 어떻게 이야기가 전달되었을까? 성성이에 관한 기록은 중국에서 이후에도 여러 번 나온다. 학계의 정설은 보르네오의 오랑우탄이라는 것이다. 지금은 보르네오 섬에만 살고 있으나 고대에는 중국 남부에까지 살고 있었기 때문이다.

평안남도 남포에는 고구려 광개토왕 시기인 408년에 축조된 고구려 유주자사 진(鎭)의 묘지가 있는데 내부에 벽화가 있다. '유주자사'란 '유주' 지역의 '자사'란 뜻으로 북경 지역부터 만리장성 이남을 총괄하는 직위인데[58] 광개토왕 시기에는 고구려에서 임명하였다. 이 벽화에 [그림]처럼 몸은 동

[그림] 광개토왕 시절 고구려 유주자사 진의 고분 벽화 중 수렵도 일부.[59] 왼쪽의 한자는 성성지상(猩猩之象)으로 추정된다.

57 부력을 받는 물속은 예외다.

58 245년에 오환족 군대를 이끌고 고구려를 침공했던 관구검이 위나라 유주자사였다.

59 http://contents.nahf.or.kr/goguryeo/deokheungri/html/deokheungri_mural.html

물이나 얼굴은 사람인 이상한 생명체가 나오는데 성성이라고 하는 사람도 있다. 세상에 돌아다니는 비합리적인 이야기라도 무시하지 말고 한 번쯤은 그 배경을 들여다볼 필요가 있다.

20

호주 메갈라니아의 멸종

호주에는 공룡 멸망 후 지금까지 살았던 도마뱀 중에 가장 큰 도마뱀이 살았었다. 메갈라니아(Megalania)라고 부르는데, 현존하는 가장 큰 도마뱀인 인도네시아의 코모도드래건보다 3~4배 정도 컸다. 길이가 7 m 이상, 무게는 2톤에 이르렀을 것이라고 한다. 이 정도 이야기가 나왔으면 왜 멸종했는지도 벌써 짐작할 수 있다. 크기가 너무 컸다.

코모도드래건은 무리를 지어 들소도 사냥한다. 코모도 섬에서 뭐든 사냥할 수 있다. 그 정도 크기가 생존에 충분하다는 뜻이다. 더 크면 더 둔해지고 더 많이 먹어야 한다. 아프리카의 사자도 마찬가지다. 무리를 지어 아프리카의 모든 동물들을 사냥할 수 있다. 더 크면 오히려 생존에 불리하다. 공룡들 중에 새로 진화하여 살아남은 것들도 작은 공룡들이었다.

인도네시아는 아시아 생물권과 오세아니아 생물권이 겹치는 지역이다. 오세아니아 대륙이 원래 남극 대륙에 붙어 있다가 떨어져 나와 북상하여 아시아 대륙과 만났기 때문이다. 현재의 인도네시아는 아주 오랜 옛날에는 육지였다. 수마트라에는 호랑이가 사는데 수마트라가 아시아 대륙과 육지로 연결되어 있었던 수십만 년 전에 건너갔을 것이다. 그런데 호주와 뉴기니는 생물학적으로 오세아니아 생물 분포권이다.

고대의 동물이 살아와도 현재의 동물만큼 무섭지 않다. 현재의 동물은 어려운 자연환경과 생존 경쟁에서 살아남은 승자이기 때문이다. 설령 티라노사우루스가 지금 살아온다고 해도 진돗개 한 마리를 쉽게 못 이길 것이라고 보는 이유다(티라노사우루스는 지금보다 산소가 많았을 때 살았기 때문에 지금 나타나면 느리게 움직인다). 반대로 진돗개 한 마리가 타임머신을 타고 중생대로 들어간다면 생태계가 혼란에 휩싸일 가능성이 있다. 진돗개는 진화의 경쟁에서 승리한 종이기 때문이다. 그만큼 미래에서 온 존재는 무섭다.

영화를 보면 메갈라니아가 황소를 잡아먹는 장면을 볼 수 있는데 황소는 유럽인들이 들여온 것이므로 시간상 황소가 메갈라니아를 만날 수 없다. 만일 둘이 만났다면 메갈라니아가 황소를 사냥할 수 있을까? 필자는 회의적으로 본다. 메갈라니아가 황소의 힘과 속력과 지능을 당할 수 없다.

스페인이나 멕시코에는 아직도 투우가 성한데 투우용 소는 특별히 사납게 키운다. 이들 투우용 소를 호랑이나 사자가 일대일로 이길 수 있을까? 필자는 못 이긴다고 본다. 불곰도 이런 소는 상대하기가 쉽지 않을 것이다. 현재 호주 대륙 중앙 사막에 낙타들이 살고 있는데 메갈라니아가 낙타를 사냥할 수 있을까? 거의 불가능하다고 본다. 우선 메갈라니아는 습지가 필요해 사막으로 나오지도 못한다.

메갈라니아의 공식적인 멸종은 약 3만 년 전으로 추정된다. 호주 대륙에 인류가 들어온 것이 약 5만 년 전이라고 하므로 무려 2만 년을 함께 살았다. 주된 먹이는 아마 캥거루가 아니었을까 하지만 그런 거대한 몸체로는 빠른 캥거루를 사냥하기 어려웠을 것이다. 현재 호주에서 캥거루를 사냥하는 동물은 5만 년 전에 호주 원주민이 데려왔으나 야생으로 돌아간 딩고라는 들개와 파이톤이라 부르는 대형 뱀과 악어들뿐이다.

그런데 가장 최근의 메갈라니아 화석은 약 300년 전의 것이라고 한다. 300년은 호주에 유럽인이 들어오기 직전이다. 메갈라니아가 호주 대륙에서 주도권을 잃고 사라진 것은 3만 년 전이나 일부가 근근이 명맥을 유지해 오다가 300년 전에 마지막 한 마리가 사라졌을 수도 있다. 혹시 호주 정글에 아직도 살아 있지 않을까 하는 의견도 있지만 가능성이 거의 없다고 본다. 우선 숨기에는 메갈로니아의 크기가 너무 크다. 호주에 숨을 만한 그런 정글이 없다. 따라서 먹을 것도 없다. 그리고 백보 양보하여 메갈로니아 비슷한 것이라도 살아 있다면 호주가 아니라 뉴기니여야 한다. 뉴기니는 대규모 정글이 있어서 숨기에 용이하고 먹을 것이 많기 때문이다.

21

검치호의 멸종

2만 5,000년 전부터 시작된 빙하기 당시 북미 대륙에는 코끼리, 말, 낙타, 사자, 치타, 검치호, 다이어늑대, 짧은얼굴대형곰, 대형 나무늘보 등등, 구대륙 못지않은 많은 다양한 대형 포유류가 살고 있었다. 그런데 빙하기가 끝날 무렵인 약 1만 2,000년 전에 갑자기 20여 종 이상의 대형 포유류가 멸종했다. 물론 들소, 말사슴, 불곰 등은 살아남아 오늘도 볼 수 있다.

이 원인에 대하여 아무도 답변을 못 하고 있었는데 《제3의 침팬지》, 《총균쇠》와 같은 책으로 세계적인 명성을 얻은 미국의 생태학자 재레드 다이아몬드가 답변을 제시했다. 약 1만 2,000년 전이면 시베리아인들이 베링 해협을 건너 북미 대륙으로 들어오기 시작하던 무렵과 일치한다. 따라서 그들이 북미 대륙의 대형 포유류를 마구 죽인 결과라는 것이다.

결국 미주 원주민의 생태계 파괴가 원인이었다고 했으니 미주 원주민 협회에서 가만히 있을 리 없다. 이들은 확실하지도 않은 증거를 가지고 자신들의 선조에게 생태계 파괴의 책임을 덮어 씌웠다며 재레드 다이아몬드를 대규모로 비난했다. 책을 쌓아 놓고 불까지 질렀다.

미주 원주민이 생태계를 파괴하여 발생한 일로서 결론이 나면, 콜럼버스 이후 유럽인들이 북미에 와서 행한 대규모 생태계 파괴의 책임이 미주 원주민들과 나뉘어 희석될 수도 있기 때문에 이는 대단히 중요한 일이다.

북미 대륙 포유류의 대멸종이 미주 원주민의 책임이냐 아니냐를 두고 논쟁이 지루하게 계속되었다. 소수의 인류가 섬 같은 닫힌 곳도 아닌 거대한 대륙에서, 그리고 걸어서 여러 종류의 동물들을 추적하여 다 멸종시켰다는 것은 자연스럽지 못하다. 또한 원주민 유적에서 주로 발견되는 동물의 뼈는 들소로, 멸종하지 않았다.

일부 학자들은 제3의 견해를 제시하기도 했다. 빙하기에 최적화된 동물들이 빙하기가 끝나자 멸종했다는 것이다. 하지만 이들 동물들은 그 이전에 있었던 수많은 빙하기들을 모두 견뎌 왔기 때문에 왜 하필 그때만 멸종했는지를 설명할 수 없었다. 따라서 자연스럽게 후보 학설에서 탈락했다.

그런데 문제가 엉뚱한 곳에서 풀렸다. 천문학자들이 발표하기를 1만 2,900년 전에 북미 대륙에 소행성이 공중에서 폭발하여 기온이 급상승했다고 한 것이다.[60] 그 결과 갑자기 빙하기가 끝났다는 것이다. 크레이터가 없는 이유로, 공중 폭발 외에 거대한 빙하에 충돌했을 가능성도 있다. 이리듐은 지구에는 적고 운석에는 많은데 딱 그 시기 지층에 이리듐이 많았다. 또한 그 시기 지층에서 소행성이 충돌할 때 만들어지는 6각 나노 다이아몬드가 대량 발견되었다. 또한 대멸종은 북미에 원주민들이 도착하기 전부터 시작되었다고 한다.

진화에 가장 큰 영향을 미치는 것은 기후다. 기후가 천천히 변하면 유전적으로 대응할 시간이 있으나, 갑자기 변하면 대응할 시간이 충분치 않다. 특히 체격이 큰 동물일수록 대응이 어렵다. 아무도 이것까지는 생각을 못 했다. 빙하기 마지막 무렵의 북미 대륙 대형 포유류들의 멸종은 천상의 책임이지 지구상 누구의 책임도 아니었던 것이다.

스밀로돈 골격 화석을 보면 호랑이나 사자와 다르게 꼬리가 짧다. 동물의 긴 꼬리는 달릴 때 방향을 잡아 주므로 꼬리가 짧다는 것은 달리는 동

---

60 그린란드 빙하에서도 1만 3,000년 전 소행성(또는 혜성) 충돌의 증거가 발견되었다.

물이 아니었다는 뜻이다. 긴 이빨은 죽은 동물을 해체할 때만 유효하다. 민첩성보다는 힘에 중점을 둔 구조라서 사자처럼 집단생활을 했을 가능성이 높다.

스밀로돈은 아주 크고 긴 이빨을 가지고 있다고 해서 검치호라는 이름을 가졌지만 오늘날 호랑이나 사자와는 직접적인 관련이 없다(호랑이와 사자는 표범 비슷한 동물에서 진화한 종류다). 이들은 역대 고양잇과 중에서 가장 큰 종류였다. 호랑이나 사자와 비교해 보면 목 근육이 크고 단단하며, 앞다리가 뒷다리보다 발달하여 물체를 잡고 늘어지기에 유리하고, 가슴이 크고 단단하여 완력을 쓰기가 좋다. 반면에 달릴 일이 없어져 뒷다리가 상대적으로 짧고 달릴 때 방향 전환을 돕는 꼬리가 퇴화하였다.

이런 육식 동물은 러너가 아니고 레슬러에 가깝다. 즉 표범 방식의 사냥이 아니라 곰 방식의 사냥을 했을 것이다. 이들은 곰처럼 상체가 발달하고 꼬리가 짧다. 레슬러에게 꼬리는 약점일 뿐이다. 이들은 집단으로 먹이에 달려들어 물고 늘어져 힘으로 제압했다. 호랑이와 사자를 제외한 고양잇과 동물은 힘이 아니라 순발력으로 사냥을 하는데 스밀로돈은 거의 힘으로만 사냥을 했다. 그런데 고양잇과 중에 주로 힘으로 사냥하는 호랑이와 사자가 가장 큰 멸종 위협을 받고 있다.

본래부터 스밀로돈이 거대한 고양이였던 것은 아니고 처음에는 표범 비슷한 동물이었을 것이다. 그러다 점차 체격이 커지고 송곳니가 대형화되었다. 이는 육식 동물이 초식 동물의 대형화를 따라 진화한 결과다. 그러다 대형 초식 동물들이 멸종하자 함께 멸종한 것이다.

대형 이빨을 가졌던 검치호가 멸종한 원인 중 하나로 대형 이빨을 든다. 모형을 만들어 실험해 보니 초식 동물을 사냥하는 데 별 도움이 안 되었다. 이빨은 위아래로 물려야 힘을 쓸 수 있는데, 검치호 이빨은 아래에서 받쳐 주지 못하니 죽은 먹이를 해체하는 데나 사용될 뿐, 먹이의 급소인 목을 공격하는 데는 오히려 방해가 되었다.

스밀로돈의 입이 90도 이상 과다하게 벌어지는 것도 쓰러져 거의 움직이지 못하는, 자신의 몸보다 더 큰 동물을 공격할 때나 유리하다. 입을 크게 벌리면 마치 야구에서 타자가 타격 폼이 큰 것처럼 정확도가 떨어져 급소를 정확히 물어 일격에 제압하기 어렵다. 호랑이와 사자는 60도 정도밖에 안 벌어지는데 이는 움직이는 물체를 정확하게 물고 공격해야 하기 때문이다. 나는 새가 물고기를 잡을 때도 입을 크게 벌리지 않는다. 정확을 기해야 하기 때문이다.

사냥 방식은 집단 사냥이라고 본다. 그 이유는 신체 구조 때문인데 짧은 뒷다리로는 속력이 느려 혼자서는 추적하기 어렵다. 또 그러다 보니 자기보다 작은 동물은 사냥하기 어렵다. 사자나 호랑이는 다 자란 코끼리를 사냥하지 못하나 스밀로돈은 거대한 코끼리와 매머드를 사냥했을 것으로 본다. 사자나 호랑이는 작은 영양 종류도 사냥하나 순발력이 떨어지는 스밀로돈은 어려웠을 것으로 본다. 힘과 순발력 중에서 하나만을 택하는 경우, 즉 거의 순발력만을 택한 치타나, 거의 힘만을 택한 스밀로돈은 갑작스런 환경 변화에 적응하기 어려웠고 그 결과 번성하지 못했다.

집단을 이루는 방식에는 소수의 수컷이 다수의 암컷을 거느리고 사냥은 주로 암컷이 하는 사자 방식과, 암수의 숫자가 비슷하고 암수가 함께 사냥하는 늑대 방식이 있다. 사자 방식의 무리를 짓는 동물들은 대개 수컷의 몸집이 암컷보다 뚜렷하게 크고, 늑대 방식의 무리를 짓는 동물들은 암수의 몸집이 비슷하다. 스밀로돈은 암수의 몸집이 비슷한 것으로 보아 늑대 방식의 무리를 지었을 것이다.

북미 대륙에서 말은 멸종했지만 빠른 대형 초식 동물인 사슴 종류가 번성하게 된 것도 스밀로돈의 멸종과 관련이 있다. 말이 사슴보다 빠르지만 더위와 추위에 사슴만큼 강하지 못하다. 말이 사라지자 대신 아시아에서 건너온 순록을 비롯한 사슴 종류를 먹이로 삼아야 했지만 스밀로돈은 그 사슴을 잡을 수 있을 정도로 빠른 시간 내에 진화하지 못했다. 반면에 퓨마는 달리는 사슴을 혼자서 잡는다. 그러면 스밀로돈은 들소를 사냥해야 하는데 들소는 수천 마리가 떼로 움직여 파고들기가 어렵다.

스밀로돈의 가죽 무늬는 북미 대륙의 환경에 적합한 모양이었을 것이다. 표피 무늬는 다 환경의 적응 결과다. 가죽은 화석으로 남아 있지 않기 때문에 판단이 어렵지만 무늬는 오늘날의 퓨마와 재규어의 중간쯤 되는 약한 얼룩무늬로 추정된다. 오늘날 북미사자와 스밀로돈은 멸종하고 퓨마와 재규어가 신대륙을 대표하는 양대 고양잇과 맹수가 되었다. 결국 힘세고 날렵하며, 먹이의 종류가 다양하여 어떤 환경이든 잘 적응하는 이들이 생존에 더 유리했던 것이다.

퓨마는 북미 대륙 원산이나 그들의 조상은 약 1,000만 년 전에 아시아에서 건너온 고양이였다. 재규어는 약 200만 년 전에 아시아에서 건너온 표범이 진화한 것이고, 북미사자는 약 35만 년 전에 아시아에서 건너온 동굴사자의 일종이 진화한 것이라고 한다.[61] 퓨마와 재규어 중에서는 정글에 특화된 재규어보다 숲과 산악 지대에 특화된 퓨마의 적응력이 더 뛰어나다. 스밀로돈이 북미를 지배할 당시 퓨마는 큰 고양이에 불과했다. 그러다 그들이 사라지자 점차 대형화되며 그들의 위치를 대신하게 되었다.

신대륙 대형 포유류의 멸종은 결국 북미 원주민들의 소멸에도 일조했다. 인류의 역사에서는 '자연의 힘을 사용하는 단계' → '동물의 힘을 사용하는 단계' → '기계의 힘을 사용하는 단계'의 3단계 문명 발달이 이루어지는데, 신대륙은 2단계인 동물의 힘을 사용하는 단계를 거치지 못해서 그다

---

61 지금까지 크게 세 종류의 사자가 있었다. 북미의 북미사자, 유럽의 동굴사자, 아프리카의 초원사자다. 앞의 둘은 멸종하고 가장 작은 아프리카의 초원사자만 살아남았다. 아시아 사자는 아프리카 사자가 건너온 것이다.

음 단계로 나아가지 못했다. 그리고 대서양을 건너온 구대륙 인류(유럽인)에게 멸종당하다시피 했다.

아시아에서 시베리아인들이 베링해를 건너오기 전에도 신대륙에는 사람들이 살고 있었다. 이들은 무려 5만 년 전에 남태평양을 건너온 해양민족들이다. 시베리아 원주민이 도착하기 수만 년 전에 이미 사람들이 살고 있었고, 주 생활무대는 북미가 아니라 남미였다. 호주 원주민과 비슷한 인종으로 추정되는데 베링해를 건너온 시베리아인들에게 정복되어 흡수되었다.

22

다이어늑대의 멸종

시베리아인이 베링 해협을 건너 북미 대륙에 진입하기 전인 빙하기에 북미 대륙에는 수많은 대형 포유류들이 살고 있었다. 그중에는 역사상 가장 큰 늑대 종류가 살고 있었는데 다이어늑대(dire wolf)라고 부르는 종류다.[62] 이들은 다른 대형 포유류들과 함께 마지막 빙하기가 끝나고 인류가 베링 해협을 거쳐 북미 대륙에 들어온 직후인 약 1만 2,000~1만 년 전 사이에 멸종했다. 원산지가 신대륙으로 마지막 빙하기 이전까지 100만 년 이상 생존했다고 한다.

환경 변화가 천천히 이루어지면 동물들은 유전적으로 진화하면서 대응할 시간을 가져 생존한다. 반면에 급격하게 이루어지면 이에 대응하지 못한 종은 멸종한다. 다이어늑대는 급격한 기후 변화에 적응하지 못하고 멸종한 것이다. 반면에 현존하는 북미의 회색늑대는 생존했는데 이들은 시베리아에서 살다가 수만 년 전에 북미에 들어간 종류다. 두 종은 집단 사냥 등 생활방식이 유사했을 것으로 보인다. [표]를 통해 둘을 비교해 보고 무엇이 살아남는 요인이었고 무엇이 멸종한 요인이었는가를 생각해 보자.

다이어늑대는 아시아에서 건너온 회색늑대보다 힘과 체격이 약 20% 더 커서 둘이 일대일로 붙으면 다이어늑대가 우세했을 것이다. 그러나 생

---

62 만화 영화 〈원령공주〉에 나오는 늑대다.

[표] **다이어늑대와 회색늑대의 신체 구조 비교**

	다이어늑대	회색늑대
체격	크다.	작다.
체중	무겁다(70 kg 이내).	가볍다(50 kg 이내).
체형	뭉뚝하다.	가늘고 길다.
힘	세다.	약하다.
다리 비율	짧다.	길다.
달리기	늦다.	빠르다.
지능	낮다.	높다.

존 능력은 반대로 아시아에서 온 늑대가 우세했다. [표]의 데이터만 보고도 어느 쪽의 생존 능력이 강할지를 추정할 수 있다.

다이어늑대나 회색늑대나 큰 동물을 사냥하는 능력은 비슷했을 것이다. 하지만 작고 빠른 동물을 사냥하는 능력은 차이가 났을 것이다. 다이어늑대의 입장에서 보면 아시아에서 자신들의 사촌쯤 되는 무리가 건너왔는데, 자신들보다 체격도 작고 힘도 약했으나 더 재빠르고 더 영리했을 것이다. 만일 경쟁자보다 힘도 약한데 빠르지도 못하면 당연히 경쟁에서 도태된다. 그러다 기후가 급변하여 살기 어려워지자 자신들은 멸종했는데 아시아에서 건너온 무리는 이를 극복하고 번성한 것이다.

다이어늑대의 크기가 하이에나 정도 된다고 하여 다이어늑대가 하이에나를 힘으로 이길 수 있다고 생각하지는 않는다. 다만 북미 대륙에서 검치호와 다이어늑대의 관계는 아프리카 대륙에서 사자와 하이에나의 관계와 유사하지 않았을까 추정된다.

어느 동물이나 각각 장점이 있다. 예를 들어 치타는 힘은 약하나 아주 빠르다. 그 장점이 생존에 충분할 정도로 갖추어져야 살아남는 것이다. 치타의 스피드가 표범에 비하여 특출하지 않으면 살아남기 어렵다. 두 종류의 늑대가 일대일로 만나면 회색늑대가 피했을 것이다. 회색늑대의 속력이 다이어늑대보다 충분히 빠르지 못했다면 회색늑대는 생존하지 못했을 것이다.

북미 대륙에서 이와 유사한 것이 또 있었는데 아시아에서 건너온 불곰(grizzly bear)과 북미의 짧은얼굴대형곰(short-faced large bear)의 관계다. 짧은얼굴대형곰이 불곰보다 50 % 이상 컸으나 경쟁에서 패배한 이유가 신체 구조 때문이었다고 한다. 불곰은 달리면서 속력을 별로 떨어뜨리지 않고 방향을 바꿀 수 있었으나, 짧은얼굴대형곰은 불가능했다고 한다. 이는 사냥할 때 큰 차이를 만든다. 짧은얼굴대형곰은 청소동물로 살다가 결국 멸종했다.

남미 대륙과 북미 대륙이 만났을 때는 아시아 대륙과 유전자 교류 및 경쟁이 있었던 북미 대륙이 우세했다. 또한 북미 대륙과 아시아 대륙이 만났을 때는 유럽 및 아프리카 대륙과 유전자 교류 및 경쟁이 있었던 아시아 대륙이 우세했다. 큰 생태계 경기장에서는 치열한 경기를 통하여 유전자를 변형시켜 온 쪽이 고립되어 안주해 온 쪽보다 대부분 우세했다. 생물체에게 고립은 소멸을 부르는 가장 위험한 상태다.

23

선사 시대 나무늘보, 메가테리움

빙하기 이전에 미주 대륙에는 메가테리움이라 불리는 거대한 나무늘보가 살고 있었다. 그 크기가 얼마나 컸을까? 2015년에 스페인의 발렌시아 자연사 박물관에서 직접 보고 놀라지 않을 수 없었다. [그림 1]처럼 길이 6 m, 무게 4톤으로 크기가 코끼리만 했다. 웬만한 육식 동물들이 감히 덤비지 못할 정도로 컸다. 옆에 전시된 검치호 화석을 보니 아담했다.

검치호를 200 kg 정도로 보면 메가테리움은 검치호 20마리에 해당하는 크기다. 하지만 이런 큰 크기는 급격한 환경 변화에 적응할 때 불리하다.

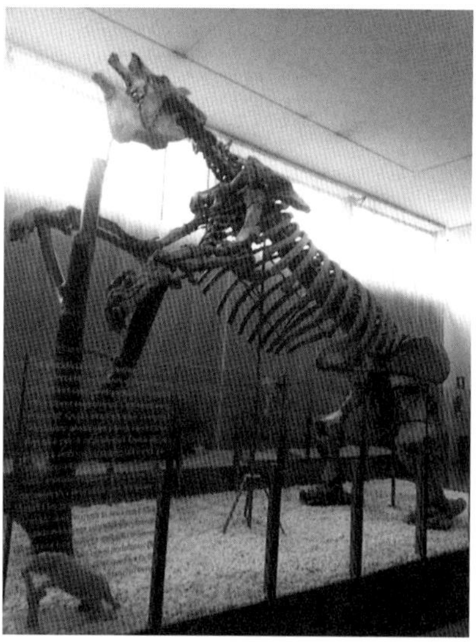

[그림 1] 메가테리움의 골격 화석, 스페인 발렌시아의 자연사 박물관.

[그림 2] 태국의 그림 그리는 코끼리

크기가 작은 쪽이 적게 먹어도 되며, 작은 공간에서도 충분히 살 수 있고, 작은 크기가 비상시에 생존에 유리할 수밖에 없다. 곤충이 오래 살아남은 데도 그 크기가 한 역할을 했다. 또한 곤충은 한 세대가 짧아서 유전자를 변화시켜 대응하기에도 좋다.

그러면 코끼리는 그런 거대한 체격으로도 어떻게 살아남았느냐고 물을 수 있다. 코끼리는 영장류를 제외하고 가장 영리하다.

동물원에서 어린이들이 수의사에게 묻는다. "선생님, 여기 동물들 중에 싸우면 어느 동물이 1등이에요?"

수의사가 답한다. "코끼리란다."

학생들이 다시 묻는다. "왜요?"

수의사가 다시 답한다. "그 이유는 코끼리가 가장 영리하기 때문이야."

24

영장류의 손힘

인간은 도구를 사용하면서 신체에 부여된 자연의 힘을 유지하지 못했다. 마치 우주여행을 오래 하면 무중력 상태에 적응되어 뼈에 구멍이 생기고 근육이 없어지는 것과 같다. 즉 무중력 상태에서 사는 외계 생명체를 만난다면, 영화 〈에일리언〉에 나오는 강력한 물리적 힘을 가진 생명체가 아니라, 일정한 모양이 없는 흐물흐물한 형태여야 합리적이다.

최근에 나온 영장류의 악력(손힘)에 관한 내용을 비교하면 [표]와 같다.

예전에 TV 동물 프로그램에서 어떤 남자가 자기 몸무게의 1/3인 오랑우탄과 팔씨름을 하는 것이 나왔다. 그런데 남자가 졌다. 또 만일 고릴라라면 사자는 어려워도 표범은 손으로 제압할 수 있다. 특히 고양잇과 동물은 순발력은 좋으나 지구력이 없어서, 표범도 담요로 덮어씌운 다음에 3분만 잡고 있으면 힘이 빠져 사람에게도 진다.[63]

[표] 영장류의 손힘

사람	남: 50 kg, 여: 31 kg
보노보(피그미침팬지)	남: 103 kg
침팬지	남: 129 kg
오랑우탄	남: 193 kg
고릴라	남: 326 kg

침팬지와 고릴라는 대서양 방면인 서아프리카에만 사는데 숲속에서 거의 무적이다. 오랑우탄 역시 보르네오 섬의 정글에서 거의 무적이다. 악력으로 무적이 아니라 지능으로 사회를 이루어 무적이다. 사람도 그렇다. 악력이 아니라 지능으로 자연계를 지배한다.

사람은 지능을 사용하면서 악력이 덜 필요하게 되었다. 도구의 사용은 이를 가속화했을 것이다. 하지만 인간은 운동을 해야 한다. 아령만 매일 5분씩 해도 1년 내내 감기도 안 걸린다. (2014.04.06.)

---

63 절대로 시도하지 말 것!

25

마다가스카르의 포사

마다가스카르 섬은 아프리카에서 가장 큰 섬으로 남북한을 합한 크기의 2.5배나 된다. 세계에서 네 번째로 큰 섬이다. 본래 아프리카에 붙어 있다가 고생대에 인도판이 떨어져 나온 뒤 약 8,800만 년 전에 인도판에서 다시 떨어져 나온 조각인데, 계속 북진을 한 인도판은 신생대에 아시아판과 충돌하여 히말라야 산맥을 만들었으나 마다가스카르는 북진하지 않았다.

마다가스카르 섬은 지리적 분리로 인하여 동식물이 아주 특이하다. 약 70% 이상이 이 섬의 고유종이라고 한다. 아프리카에서 떨어져 나올 때 있었던 종이 별도로 진화하여 다른 종이 된 경우도 있고, 이후 아프리카에서 우연히 뗏목이나 부목 등을 타고 흘러 들어와 진화한 종들도 있다.

그중에 포사(fossa)라는, 작은 개만 한 갈색 육식 동물이 있는데, 마다가스카르 최대의 야생 육식 동물이다.[64] 야행성이며 체중이 6~9 kg인데 모습이 마치 미니 퓨마 같다. 이 섬을 대표하는 동물 중 하나인 여우원숭이를 사냥하면서 진화했다. 여우원숭이도 아프리카에서 부목 등을 타고 우연히 도착하여 별개로 진화한 종류다. 여우원숭이는 쥐 크기의 아주 작은 종부터 침팬지 크기의 큰 종까지 다양하다.

포사가 이 섬에 도착하기 전에는 아프리카의 몽구스와 조상이 같았다

64 만화 영화 〈마다가스카르〉에서 영리하고 귀여운 동물로 나온다.

고 한다. 몽구스는, 외모는 족제비 비슷한데 족제빗과가 아니고 사향고양잇과로 분류하거나 몽구스과로 별도로 분류한다. 몽구스는 족제비에 비해 나무를 잘 오르지 못한다. 체중이 3~5 kg으로 고양이와 비슷하다.

그 몽구스 조상이 마다가스카르 환경에 적응하며 크기가 2배로 커지고, 여우원숭이를 잡으려고 나무를 오르다 보니 다리가 튼튼해지고, 균형을 잡기 좋게 꼬리가 길어졌다. 생활 양식도 사냥에 유리하게 주행성에서 야행성으로 바뀌었다. 진화 과정에서 몽구스와 많이 달라져 지금은 포사과로 별도로 분류한다.

만일 포사가 없었으면 여우원숭이들이 건강하게 진화하지 못했을 것이다. 포사가 약하고 병들고 경쟁력이 없는 여우원숭이들을 솎아 내므로 여우원숭이들이 경쟁력을 갖춘 강한 종으로 진화했다. 이는 초식 동물과 육식 동물의 일반적인 상호 작용이다.

보르네오를 비롯한 아시아 열대 지역의 큰 섬은 대부분 고양잇과가 먹이 사슬의 최상위권에 있다. 그런데 이 섬은, 도마뱀이 최상위에 있는 코모도 섬과 마찬가지로 예외적이다. 수천만 년 전 아프리카의 고양이가 표류해 들어오지 못한 것이다. 고양이보다 몽구스가 험한 환경에서 생존 능력이 뛰어난데 혹시 이것이 몽구스를 마다가스카르 섬까지 옮겨 가게 한 것이 아닌지 싶다.

마다가스카르는 자연환경은 물론이고 인종적으로도 독특하여, 사람들은 아프리카인과 인도계와 인도네시아계가 혼합된 새로운 인종이다. 프랑스 식민지였던 연유로 프랑스어를 공용어로 사용한다.

26

귀상어의 전기 능력

세포가 분열하여 유전자가 복제될 때는 100 % 완벽하지가 않고 약간씩 실수로 잘못 복제된다. 그러니 같은 부모에게서 태어난 자식들도 다들 조금씩은 다른 것이다. 이것을 '변이(nutation)'라고 한다. 이 변이가 수백만 년 쌓이면 진화가 되는 것이다. 따라서 진화의 원인이 되는 세포 복제 과정에서 발생하는 약간의 실수를 '위대한 실수'라고 부른다.

복제 과정에서 생존 환경에 불리하게 복제된 것은 경쟁에서 패하여 사라지고 유리한 것만 살아남아 진화의 방향성이 결정된다(진화가, 침팬지가 타자기를 쳐서 셰익스피어 작품이 나오는 것과 같다고 한 표현은 틀렸다. 실제 진화는 방향성이 있는데 침팬지의 타자는 방향성이 없기 때문이다). 불리한 것 같으면서도 존재하는 것은 아직 무엇인가 경쟁력이 있기 때문이다.

상어들 중에 귀상어(Hammerhead Shark)라는 종류가 있다. 머리는 앞부분이 편평하게 양쪽으로 뻗어 T 자 모양을 하고 있고, 그 양쪽 끝에 눈이 자리 잡고 있다. 온대 상어의 일종으로 남북 양 반구의 온대부에 띠 모양으로 분포한다. 그러나 그 중간의 열대부에서는 발견되지 않는다. 사람을 공격하는 부류로, 알이 어미 배 속에서 부화하여 새끼 상태로 출산하며 최대 5 m 정도까지 자란다. 통상 물속에서 생활하는 물체는 이동에 유리한 유선형 몸체를 가지지만 귀상어의 머리는 전혀 유선형이 아니다. 그럼에

[그림] 귀상어. T 자 모양 머리 양쪽 끝에 눈이 있다. 두 눈이 서로 다른 방향을 보고 있으면 시야는 넓어지나 거리 측정에는 불리하다.

도 훌륭하게 살아남아 있다. 귀상어의 경쟁력은 무엇일까?

상어는 홍어나 가오리 종류와 함께 연골어류로 뼈가 연하다. 어류는 척추가 단단하냐 연하냐에 따라 크게 연골어류와 경골어류로 분류한다. 척추동물 중에서 어류가 가장 원시적인데 그중에서도 연골어류가 더 원시적이다. 즉 지구에 먼저 나타났다. 상어의 조상은 고생대인 약 4억 년 전에 지구에 출현했다.

상어보다 더 원시적인 어류는 턱이 없는 갑주어 종류다. 본래는 삼키는 것만 가능했는데, 그렇게 되면 자기보다 작은 것만 먹을 수 있다. 턱이 나온 후로는 먹이를 찢고 씹을 수 있게 되어 먹이가 크더라도 잘게 부수어 먹을 수 있었다.

연골어류가 경골어류로 진화하며 여러 가지 연골어류의 특성들이 사라지고 경골어류의 장점들이 나타났다. 그리고 연골어류의 특징 중 하나가 전류에 민감하다는 것이다. 전기가오리는 전압을 만들어 사냥을 하거나 방어에 이용한다. 상어는 주둥이 부분에 전기장을 측정하는 장치가 있어서, 물체에 다가가면 시각이나 후각이 아니라 전류를 읽어서 목표를 분석한다. 이는 빛이 전혀 없는 물속에서 바닥에 숨어 있는 물고기를 찾아 낼 때 유리하다. 보호색을 해 봐야 소용없다. 이로부터 상어가 본래는 바닷속

밑바닥에 숨어 있는 동물들을 찾아내 잡아먹는 생명체가 아니었는가, 추정한다.

생물체의 신경 회로는 미세한 전류가 흘러서 이루어진다. 가까이 갔을 때만 전류를 느낄 수 있지만 연골어류에게는 이것이 표적을 탐지하는 중요한 무기가 되는 것이다. 한마디로, 수중 근거리 레이더와 같다. 그런데 귀상어는 머리 양쪽에 레이더가 있는 셈이다. 2개의 레이더를 가지고 표적을 찾으니 1개의 레이더로 찾는 것보다 실수가 적어 더 정확히 먹이를 탐지할 수 있는 것이다.

상어의 전류 측정 능력은 반대로 상어를 쫓아내는 도구로도 사용된다. 상어가 접근하면 상어가 싫어하는 전기장을 만들어냄으로써 상어를 쫓아낼 수 있다. 건전지 두어 개로 충분히 상어를 상대할 수 있다고 하니 큰 작살보다 훨씬 더 효과적이다.

27

금지된 장난, 고래잡이

강이나 하천에서 물고기를 잡는 법에는 여러 가지가 있다. 그중 그물로 잡을 때에는 그물눈이 지나치게 작은 것은 쓰지 못하게 한다. 어린 새끼까지 다 잡을 염려가 있기 때문이다. 새끼까지 잡으면 물고기 씨가 말라 나중에는 더 이상 물고기를 볼 수 없게 된다.

그런데 더 심한 방법이 있다. 물에 강력한 전류를 흘려 물고기를 잡는 방법이다. 물고기 새끼는 물론이고 알까지 다 죽는다. 한 번에 어류의 씨를 말려 자연 생태계를 완전히 파괴하는 잔인한 방법으로 세계 어느 나라나 다 법으로 금지하고 있다. 고래의 경우 보통 포경선을 이용하여 잡는다. 밧줄이 연결된 창을 대포로 쏘아 고래를 맞춘 후 추적하여 잡는 방법이다. 하지만 이런 포경선 방법 외에 다른 방법도 있다.

물속에서는 30 m만 들어가면 전혀 보이지 않는다. 공기 중에서는 수십 킬로미터 밖도 보이나 물속에서는 물안경을 써도 가시거리가 수면 근처에서 백여 미터에 불과하다. 대신 소리는 물속에서 훨씬 잘 전달된다. 속력이 공기 중보다 4~5배 빠르다. 소리는 공기 중에서 물속으로는 잘 들어온다. 잠수해 있어도 수영 코치가 부는 호루라기 소리가 물속에서 들린다. 반대로 물속에서 공기 중으로는 소리가 전달되지 않는다. 물속에서 돌멩이를 부딪쳐도 물 밖에서는 보이기만 하지 들리지는 않는다.

고래는 다른 육상 포유류와 다르게 머리 부분에 사람의 귀에는 들리지 않는 초음파를 발사하고 듣는 조직이 있다. 고래는 먹이를 찾는 방법으로 빛이 통과하지 않는 물속에서 소리를 사용하게 진화한 것이다. 초음파를 발사하여 물고기에 반사하고 돌아오는 초음파를 읽어 맞은편 물고기의 종류와 위치를 파악한다.

해군에서는 잠수함 추적 훈련을 할 때 배 아래에 부착된 거대한 소나로 강력한 음파를 쏜다. 그 음파의 세기가 어느 정도인가 하면 소나 옆 물속에 사람이 있으면 고막이 터진다고 한다. 그런 음파가 잠수함에 반사해 돌아오는 것을 읽어 잠수함의 위치를 파악한다. 잠수함에도 마찬가지로 소나가 설치되어 있다.

그런데 그 강력한 소나음을 고래가 들으면 머리가 마비되어 방향감각을 상실하고 소나 소리를 피해 육상으로 달아난다. 결국 뭍에 올라가 죽어 버린다. 바닷가에 고래가 집단으로 올라와 죽어 있다면 근처에서 해군이 군사 훈련을 했을 가능성이 80 % 이상이다. 때문에 고래 서식지에서는 해군 훈련을 금지하는 국제조약이 필요하다.

소나가 있기 전에도 고래가 육지로 올라와 떼죽음한 기록들이 있다. 해저에서 발생하는 지진파도 음향파의 일종이다. 따라서 이는 해저 화산이나 해저 지진 등 자연재해가 원인이 아니었을까 추정해 본다.

28

파충류와 포유류의 청각 능력

물고기는 물속에서 나는 소리를 옆줄을 통하여 듣는다. 비늘 하나하나가 물속에서 소리의 입력을 재는 수중마이크에 해당하여, 비늘에 닿는 소리의 압력을 비교하여 어느 방향에서 어떤 세기의 소리가 오는지를 파악하고 이로부터 소리를 생성하는 음원의 움직임을 안다.

악어와 스피노사우루스(spinosaurus) 같은 수중 공룡은 주둥이에 많은 구멍이 2차원 배열로 뚫려 있어서 그 구멍들로 들어오는 소리의 압력을 서로 비교하여 음원의 움직임을 안다. 해군이 사용하는 소나가 바로 이 원리다. 그래서 현대의 소나를 '파충류 소나'라 부른다.

그런데 박쥐나 고래 같은 포유류는 다르다. 이들은 소리를 들을 뿐만 아니라 만들어 내서 부딪히고 돌아오는 반사음을 듣는데, 그 반사음을 모

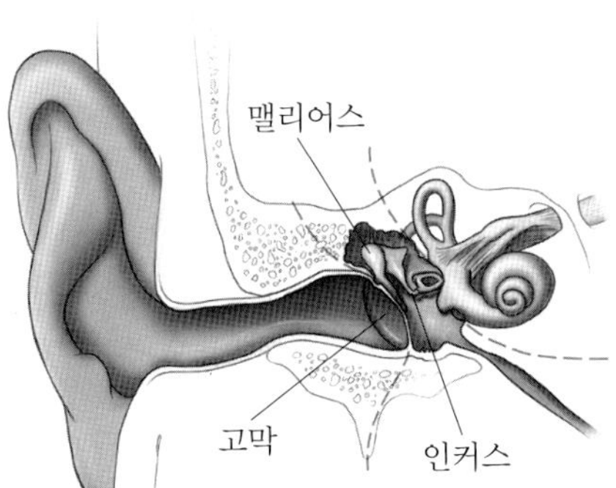

[그림 1] 사람 귀의 중이(中耳) 구조.

아서 증폭하여 듣는다. 포유류는 중생대에 야행성 동물이어서 주행성 동물이던 공룡에 비해 듣는 능력이 발전했다.

미세한 소리를 들으려면 소리를 증폭하는 앰프가 필요하다. 포유류의 고막과 청신경 사이에는 [그림 1]에 보이는 것처럼 맬리어스(malleus)와 인커스(incus)라 불리는 아주 작은 뼈 두 개가 이어 붙어 있어서 작은 진동을 증폭하도록 되어 있다. 모든 사람의 귀에는 증폭장치가 있는 셈이다. 파충류와는 비교도 되지 않는 뛰어난 청각 능력이다. 또한 신경이 두뇌의 피질에 연결되어 지능이 발달하게 되었다.[65]

고래의 수중 청각 능력은 100 m 떨어진 물체를 3~4 cm 이내로 구별할 수 있다. 대단한 해상도를 가진다. 고주파를 사용할수록 해상도는 높으나 멀리 보지 못하며, 저주파를 사용할수록 해상도는 낮으나 멀리까지 볼 수 있다. 고래는 사냥이 가능한 거리만 보면 되므로 고주파에서 듣는 것이다.

사람은 20 Hz에서 20 kHz 사이의 주파수를 가진 소리를 듣지만 고래는 [그림 2]처럼 100 Hz에서 150 kHz 사이의 사람보다 높은 주파수대를 듣는다. 고래의 머리가 뭉툭한데 이 속에는 멜론이라는 기관이 들어 있어 초음파를 만들어 낸다. 초음파가 물속으로 발사되면 물고기는 옆줄로 이를 듣고

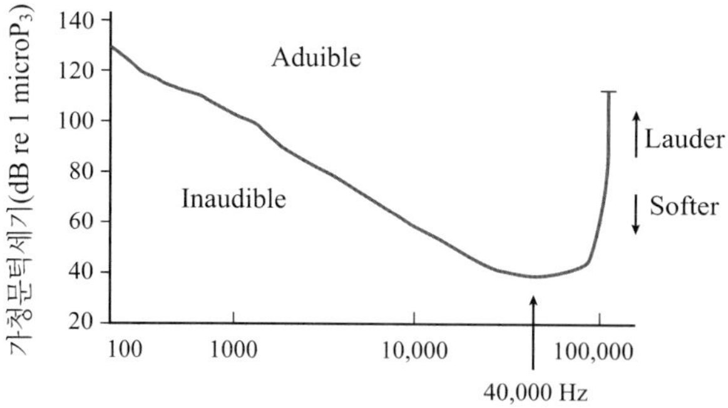

[그림 2] 고래의 청각 능력. 40 kHz 부근의 초음파 영역에서 가장 작은 소리까지 잘 듣는다.

65 어렸을 때 음악을 가르치면 공부를 잘하게 되고, 미술을 가르치면 수학을 잘하게 된다.

피한다. 바닷속에서는 수천만 년 동안 소나 전쟁이 벌어지고 있는 셈이다.

물속만 그런 것이 아니다. 공기 중에서도 소나 전쟁이 벌어지고 있다. 박쥐는 나방을 잡아먹고 사는데 나방은 박쥐가 내는 초음파를 듣는 기관이 있다. 박쥐는 50 Hz에서 200 kHz 사이의 소리를 만들어 내고 또 듣는다.

더 놀라운 것은 나방으로, 300 kHz까지 들을 수 있다. 이것을 측정하는 실험은 나방에게 이런 고주파를 들려주고 몸이 반응하는지를 보는 것이다. 반응하면 듣는 것이고 반응 안 하면 못 듣는 것이기 때문이다. 모든 파동은 (주파수) × (파장) = (속력)이므로, 주파수가 300 kHz면 파장은 약 1 mm다. 나방은 공기 중에서 소리로 1 mm를 구분한다는 뜻이다. 이 어마어마한 능력이 있는 나방의 소나를 인간에게 장착할 수 있으면 앞을 못 보는 맹인도 정상인처럼 생활할 수 있다. 그런데 200~300 kHz 사이의 주파수는 박쥐가 못 만들어 내므로 필요가 없을 것 같은데 왜 듣는 능력이 개발되었을까?

소나가 나온 지 약 100년이 지났고 그동안 많은 발전이 있었으나 원리는 동일한 파충류 방식이다. 이를 '1세대 소나'라 한다. '2세대 소나'는 고래나 박쥐처럼 소리를 모아 증폭하여 듣는 소나인데 아직 개발 중이다. 파충류 소나를 장착한 잠수함은 옆면에 창문을 달 수 없고 중앙 통제실에서 모니터를 보고 항해한다. 반면에 포유류 소나를 장착한 잠수함은 여객기처럼 옆면에 창문을 달고 소리를 빛으로 바꾸어 밖을 내다볼 수 있다. 파충류 소나를 장착한 잠수함과 포유류 소나를 장착한 잠수함이 바닷속에서 붙으면 결과는 보나마나일 것이다.

29

영화 〈아바타〉에 나오는 검은 표범 유사 생명체

태초의 자연을 보는 듯한 아름다운 영상으로 화제를 모았던 영화 〈아바타〉는 태양에서 가장 가까운 별인 알파 센타우리에 가상 행성 '판도라'를 만들어 배경 무대로 삼았다. 현재까지 알파 센타우리에서 행성이 2개 발견되었는데, 하나는 뜨거워서 생명체가 살 수 없는 곳이고, 다른 하나는 골디락존에 있어서 생명체의 존재가 가능한 곳이다.

영화 속 판도라라고 불리는 외계 행성에 검은 표범 비슷한 육식 동물이 등장했다. 그런데 그 육식 동물은 무시무시한 뿔을 가지고 있었고, 공격할 때는 그 뿔을 들이밀었다. 뿔은 방어용 무기다. 먹이를 사냥하는 육식 동물에게는 거추장스런 장비다. 동물을 생각나는 대로 떠올려 보아도 쉽게 알 수 있다. 육식 동물 중에 뿔을 가진 동물은 없다.

이빨도 감춘다. 코끼리처럼 큰 이빨을 과시하는 동물은 초식 동물이다. 육식 동물은 몸이 부드러워야 하고 그러기 위해서는 무거운 갑옷을 걸치면 안 된다. 공룡 화석에서도 뿔이나 갑옷을 가진 동물은 대개 초식으로 분류된다. 고양잇과 동물은 걸어갈 때 발톱을 안으로 집어넣어 소리가 잘 안 난다. 육식 동물은 기본적으로 무기를 숨긴다. 이는 다른 외계 행성에서도 동일하게 적용될 원리 중 하나라고 본다.

맹수가 먹이를 잡는 방법에 대해서는 이미 명나라 때 홍자성이 쓴 《채근담》이라는 책에 나와 있다. "매는 조는 듯이 앉아 있고, 범은 병든 듯이 걷더라.[66] 이것이 먹이를 잡는 힘이다."

그 외에 영화에는 꼬리를 가지고 직립 보행하는 나비족이라는 고등 생명체가 나오는데, 꼬리를 가진 동물은 중력 마당에서 직립할 수 없다. 티라노사우루스 화석이 맨 처음 발견되었을 때 꼬리를 땅으로 향하고 두 발로 걸어 다니는 용가리 같은 동물로 전시했다가, 나중에 머리–척추–꼬리가 수평 하도록 수정한 것도 그 때문이다. 나비족은 꼬리가 없거나 4족 보행이어야 한다.

퀴즈 **다음 그림은 테리지노사우루스(Therizinosaurus)라는 두 발 공룡의 앞 발톱으로, 길이가 거의 1 m에 육박한다. 이 공룡은 초식일까, 육식일까?**

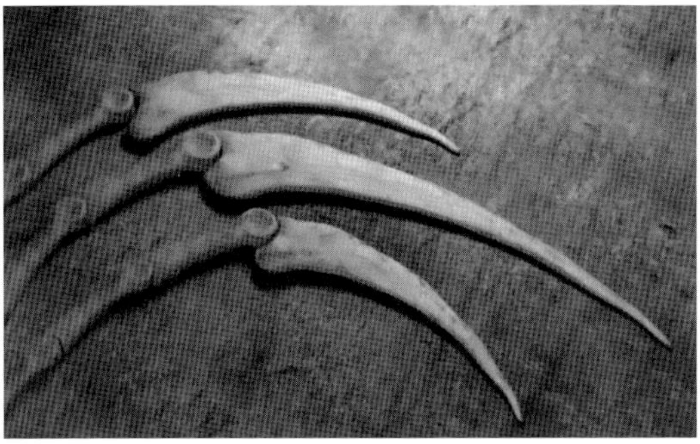

66 鷹立如睡 虎行似病(응립여수 호행사병).

30

호랑이와 사자의 표피 무늬 차이

호랑이와 사자는 고양잇과 동물들 중에서 가장 최근에 나타난 종류다. 이 둘은 골격도 거의 비슷한데 표피 무늬가 전혀 다르다. 표피 무늬는 환경에 적응한 결과로, 호랑이는 정글에서, 사자는 초원에서 몸을 숨기기에 좋다. 특히 사자는 태어날 때는 희미한 표범 무늬를 하고 있다가 성장하면서 사라진다.

표피 무늬는 다른 특성과 마찬가지로 세포 속의 수많은 유전자 단백질들이 마치 지퍼처럼 맞물려서 결정된다. 그런데 핵염기(Nucleobase)라 부르는 유전자 단백질 분자는 A, G, T, C, 단 네 가지밖에 없다. 이 네 가지 분자 수십억 개가 조합하여 지구상의 그 많은 동식물을 만들어 내며, 고양이의 표피 무늬도 다 만들어 내는 것이다.

또 하나는 수정란이 세포 분열을 통하여 호랑이와 사자로 성장할 때 무늬를 결정하는 유전자가 작용하는 시기가 약간 다르다고 한다. 표범은 또 이 둘과 시기가 다르다. 호랑이 무늬 고양이를 만들려는 시도가 있었는데, 교배로는 한계가 있고 세포 분열 시 유전자를 뿌려 주는 시기를 조절해야 하는데 기술이 아직 그 수준에 이르지 못했다.

세포 내의 유전자 구조만 알면 생명체의 모든 정보를 알 수 있다. 예를 들면, 눈이 어디에 위치하고, 크기는 어떻고, 색은 무슨 색이고, 홍채 무늬는 어떻고 등등, 이런 것들을 유전자가 결정한다. 선천적 질병도 물론 이

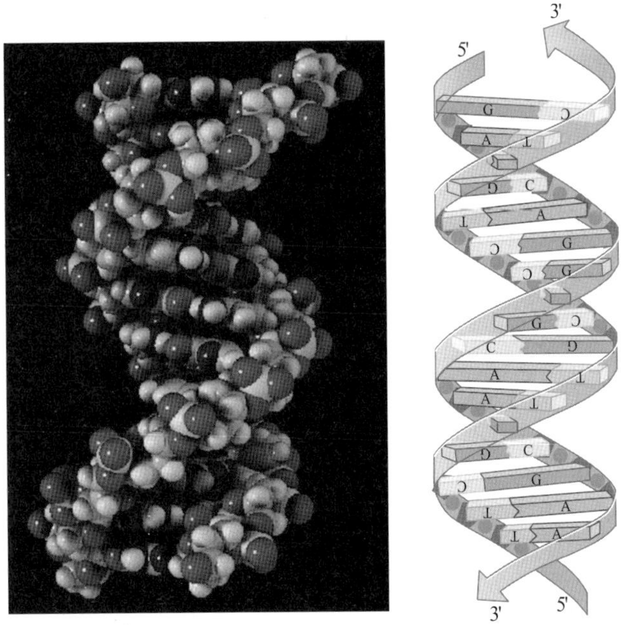

[그림] 세포 내의 네 가지 단백질 분자가 서로 마주 보며 지퍼 물리듯 물려 있다. 이것만 다 알면 어떤 생명체인지 알 수 있다. 유전자 가위 기술이란 이 연결을 잘라 원하는 곳에 붙이는 기술이다.

속에 다 있다.

모든 동물들이 유전자의 개수가 다른데, 복잡한 동물일수록 많다. 지구에 처음 생명체가 등장했을 때는 후손에게 전달할 정보가 많지 않았다. 그러다 진화가 계속됨에 따라 생명체의 구조가 복잡해지고 후손에게 전달해야 할 유전 정보도 많아졌다. 만일 우주에서 어떤 생명체의 세포가 발견되었는데, 마치 지구상 생물체처럼 DNA로 되어 있고, 그 구조가 인간에 비하여 비교할 수 없을 정도로 복잡하다면 이는 인간보다 훨씬 더 진화한 생명체일 것이다.

앞으로의 분자생물학은 수십억 개의 유전자 코드를 다 분석하여 유전자 조합을 마음대로 바꿀 수 있는 정도로 발전할 것이다. 예를 들어 닭의 날개 두 개를 앞발로 변화시킬 수도 있고, 개의 앞발 두 개를 날개 두 개로 변화시킬 수도 있다. 하지만 이런 닭이나 개가 생존할 수 없는 것은 당연한 일이다. 심지어 멸종한 동물이라도 유전 정보만 다 알면 비슷한 동물의 유전자를 잘라 붙여 재창조해 낼 수도 있다.

진화는 세포가 복제될 때 유전자 결합이 100 % 동일하지 않고 실수로 조금씩 다르게 복제되는 것이 쌓여서 이루어진다. 이것이 환경에 적합하면 새롭게 복제된 유전자가 후손을 통해 살아남는 것이고, 부적합하면 사라지게 되는 것이다. 한 세대의 기간이 짧으면 유전자 변이를 통해 환경에 적응하기가 용이하다. 곤충이 그 예다. 반대로 한 세대가 길면 유전자 변이보다 경험을 통한 후천적 지식이 쌓여 환경에 적응하기가 용이하다. 인간이 그 예다.

언젠가는 호랑이 무늬를 가진 사자나 사자 무늬를 가진 호랑이도 인공적으로 만들어 낼 수 있을 것이다. 그런데 호랑이 무늬를 가진 사자는 호랑이일까, 아니면 사자일까? 반대로 사자 무늬를 가진 호랑이는 호랑이일까, 아니면 사자일까?

우리는 어린이들에게 동물도감에 나와 있는 호랑이와 사자 사진을 보여 주며, 이렇게 생긴 것이 호랑이고 저렇게 생긴 것이 사자라고 가르쳐 왔다. 그런데 "어린이 여러분, 호랑이란 유전자가 이렇게, 이렇게, 이렇게 된 동물이고, 사자란 유전자가 저렇게, 저렇게, 저렇게 된 동물입니다."라고 가르치는 시대가 오는 것은 아닐까?

3부

인류의 발전

전북 군산시 구 임피역 역사공원의 시실리(時失里) 조형탑.
일제의 쌀 수탈에 저항하여 1940년대에 농민 봉기가 일어난 곳이다.

1

사람은 왜 세상을 천연색으로 볼까?

사람은 빛의 삼원색인 적색(빨강), 청색(파랑), 녹색(초록)의 원추세포를 다 가지고 있어서 세상을 천연색으로 본다. 하지만 소나 개는 그렇지 못하다. 그들에게는 적색을 볼 수 있는 원추세포가 없다. 왜 그럴까?

일반적으로 포유류는 세상을 천연색으로 보지 못한다. 다 청색과 녹색만으로 본다. 하지만 눈에는 적, 청, 녹의 3원세포 외에도 빛의 명암을 구분하는 원추세포가 한 가지 더 있으며, 대부분의 포유류는 이 명암을 구분하는 원추세포가 잘 발달되어 있기 때문에 밤에도 사람보다 더 잘 본다. 반면에 새나 공룡은 사람처럼 천연색으로 본다. 대신 명암을 구분하는 원추세포는 약하여 잘 보지 못한다. 단 올빼미 등의 야행성 종들은 시세포가 간상세포만으로 되어 있고 원추세포는 약하다.

사람 외에 원숭이도 세상을 천연색으로 본다. 포유류 중에 오로지 사람이 속한 영장목(원숭이목)만이 새처럼 세상을 천연색으로 보는 이유는 중생대의 진화 과정에서 발생했다. 포유류는 공룡에게 밀려서 주간을 내주고 야행성 동물로 진화했다. 빛이 있으면 가장 필요한 것이 빨간색 원추세포이나, 빛이 없는 곳에서만 생활하다 보니 빨간색 원추세포가 퇴화하고 대신에 명암을 구분하는 원추세포가 극도로 발전한 것이다. 단 포유류 중에 빛이 거의 들어오지 않는 깊은 정글에서 나무 위[樹上] 생활을 하던 원숭이 무리가 있었는데, 이들은 세상을 천연색으로 보지 못하면 익은 열매와 익지 않은 열매를 구분할 수 없다. 결국 포유류 중에 나무 위 생활을 하던 무리만 빨간색 원추세포를 유지하고 발전시킨 것이다.

초식 동물의 눈은 좌우에 있고 육식 동물의 눈은 모두 앞에 있다. 눈이 좌우에 있으면 사각(死角)이 줄어서 천적을 발견하는 데 유리하다. 단 거리 측정에는 불리하다. 눈이 둘 다 정면에 있어야 각을 측정하여 정확한 거리를 아는 것이다. 육식 동물은 먹이를 추적하는 시간이 아주 짧다. 따라서 거리 측정이 정확하지 않으면 사냥을 할 수 없다. 그런데 초식 동물 중에서 영장목은 눈이 육식 동물처럼 모두 앞에 있다. 그 이유도 수상생활이다. 나무 위에서 살다 보니 정확한 거리 측정을 하지 못하면 나무에서 떨어지기 때문이다.

야행성 동물은 주행성 동물보다 추운 곳에서 산다. 이것이 포유류가 일찍부터 털가죽을 가지게 된 이유다. 공룡 멸종 후 추운 지구가 수년 계속되는 중에 야행성 동물이던 포유류는 털가죽으로 그 시기를 버텼다. 원숭이 종류도 모두 털을 가지고 있으나 다른 포유류보다 약하다. 그것은 주간에 수상생활을 했기 때문이다. 대신 그들은 머리를 써서 추위를 피해야 했다.

수상생활은 나무 위에서 균형을 잡아야 하므로 평지생활보다 어렵다. 하지만 그 어려운 수상생활을 이겨 낸 종류가 오늘날 지구를 지배하고 있다. 작은 어려움을 이겨 낸 사람은 작은 사람이 되지만 큰 어려움을 이겨 낸 사람은 큰 사람이 된다는 인간 생활의 원리가 이미 수천만 년 전의 진화 과정에서도 다 나타났던 것이다.

2

사람과 침팬지의 마라톤 시합

사람과 침팬지가 마라톤이나 장거리 걷기를 하면 누가 이길까? 답은 "사람이 이긴다."다. 유인원의 신체 구조는 네발 보행으로 소모되는 에너지가 두발 보행인 사람보다 훨씬 많기 때문에 침팬지는 마라톤을 할 수 없으며, 오래 걸으면 탈진하여 죽는다. 두발 보행만이 장거리를 걸을 수 있다.

아프리카 지도를 보면 나일 강이 남북으로 흐른다. 나일강은 언제 생겼을까? 아프리카는 나일강을 따라 인도양 쪽(동쪽)으로 치우쳐 남북으로 거대한 산맥이 있다. 에티오피아, 케냐 등 인도양 변의 동아프리카는 초원이고 콩고강 유역의 서아프리카는 정글이다. 인간의 조상 화석은 주로 에티오피아, 케냐 등 [그림]의 동아프리카 초원지대에서 나온다. 반면에 침팬지와 고릴라는 풍요로운 콩고강이 흐르는 서아프리카 정글지대에만 산다. 왜 그럴까?

과거에는 화석 연구가 인류 진화 연구의 유일한 방법이었으나 지금은 분자생물학의 발전으로 분자시계를 통하여 유전자의 변이 과정을 보면 진화의 시간대별 차이를 알 수 있다. 유전자 연구로 인간과 침팬지는 약 500만~700만 년 전에 공동조상으로부터 분화되었다고 한다. 따라서 평균 600만 년 전으로 본다.

본래 아프리카는 중간에 산맥이 없고 중앙부 전체가 정글이었다. 대서양에서 불어오는 다습한 바람이 아프리카에 정글을 만들어 준 것이다. 이

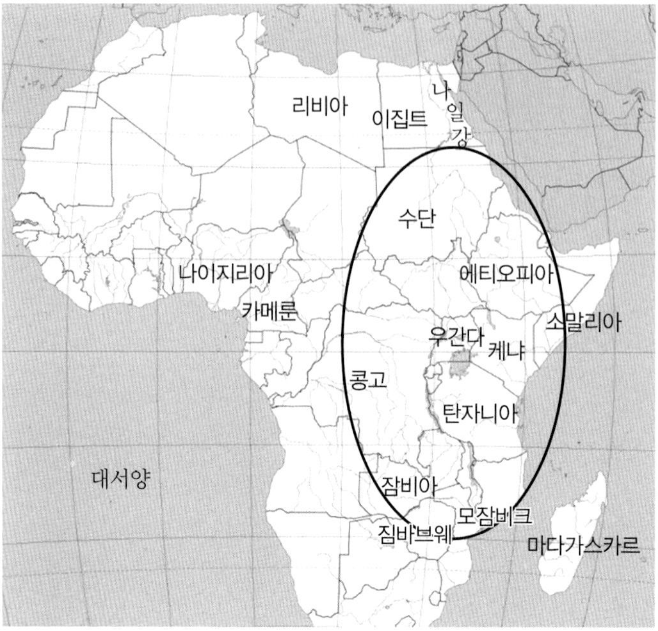

[그림] 인류의 고향 동아프리카. 둥근 타원 부분이 인류의 화석이 주로 발견되는 곳이다.

정글은 모든 것을 주는 낙원이었다. 그런데 약 700만 년 전에 아프리카 대륙의 중앙부가 융기하여 남북으로 거대한 산맥이 생성되고 그 산맥을 따라 긴 강이 생겼다. 이 강이 나일강이다. 대서양에서 불어오는 다습한 바람이 산맥에 막혀 동아프리카로 못 건너가자, 서아프리카는 정글 그대로인데 동아프리카는 정글이 초원으로 변했다. 이 갑작스런 환경 변화로 인하여 동아프리카 정글에 살던 동물들이 대멸종하게 되었다. 정글 생태계가 파국을 맞았다.

당시에 동아프리카 정글에는 많은 유인원들이 살고 있었는데 이들은 정글이 줄어들자 나무에서 내려와 초원에서 먹을 것을 구해야 했다. 유인원의 신체 구조는 사람과 달리 숲속의 특정 지역에서 살기에 적합한 신체 구조지 넓은 초원을 배회하며 살 수 있는 구조가 아니다. 정글에서는 가까운 곳에서 먹이를 구할 수 있으나 초원에 나가면 먹이를 구하러 멀리 이동해야 하는데 직립이 아닌 어정쩡한 네발 보행 구조는 이동하는 데 지나치게 많은 에너지를 소모하여 결국 먹이를 구하지 못하고 죽는다.

유인원이 살아남는 유일한 방법은 두발 보행하여 장거리 이동에 따른 에너지 소모를 줄이는 것이다. 유인원들이 살 수 있으려면 장거리를 이동할 수 있어야 했고, 그런 가운데 두발 보행하는 유인원이 출현했다. 그들은 장거리를 이동할 수 있어서 먹이를 구할 수 있었고, 그 결과 경쟁에서 이겨 살아남았다. 물론 이런 과정은 하루아침에 나타난 것이 아니고 수백만 년에 걸쳐 점차 이루어졌으며, 포유류 중에 상시 두발 보행은 사람이 유일하다.

이후 300만~400만 년 동안은 의외로 큰 변화가 없었다. 두발 유인원의 몸에서 털이 사라진 것은 약 300만 년 전이며, 두뇌가 갑자기 커지기 시작한 것은 약 200만 년 전부터라고 한다. 이때 도구가 본격적으로 사용되기 시작했다. 불의 사용은 도구의 사용과 일치한다. 그러면 약 200만 년 전에 무슨 일이 있었을까?

약 400만 년 동안 큰 기후 변화가 없었던 동아프리카 초원이 약 200만 년 전부터 약 20만 년 동안의 '짧은' 기간에 급격한 기후 변화를 겪었다. 일부 지역이 갑자기 사막이 되고, 갑자기 초원이 되고, 갑자기 정글이 되고, 갑자기 습지대가 되고, 갑자기 거대한 내륙 호수가 되고, 추워졌다 더워졌다 그랬다. 20만 년 동안 여러 가지 기후가 섞인 지역이 혼재되어 나타나기 시작한 것이다.

이 과정에서 많은 동물들이 급격한 기후 변화를 견디지 못하고 대규모로 멸종했다. 그런데 일부 두발 동물이 두뇌가 커졌고, 불과 도구를 사용하기 시작했으며, 기후 변화에 적응하여 생존했다. 유전자를 변화시켜 진화로 대처하기에는 환경이 너무 빠른 변화를 보인 것이다. 결국 머리를 써서 살아남았다.

서아프리카에 살았기 때문에 대멸종을 피했던 '운 좋은' 영장류의 후손은 아직도 낙원인 정글에 산다. 이들이 고릴라와 침팬지다. 하지만 동아프리카의 대멸종을 겪고 초원으로 걸어 나온 '운 나쁜' 영장류의 후손은 오늘날 컴퓨터 앞에 앉아서 《과학의 쉬는 시간》을 쓰고 있다.

낙원을 상실한 고난이 영적 고등 생명체를 낳았다. 자연계의 위대한 진보는 어려움을 이겨 냈을 때 오고, 어려움이 클수록 얻어지는 진보도 비례하여 커진다는 진리가 여기서도 입증되었다.

3 침팬지 직립하기

침팬지는 직립할 가능성이 거의 없다. 하지만 만일 침팬지가 직립하려면 어떤 조건이 필요할까?

인간과 침팬지는 약 500만~700만 년 전에 공동의 조상으로부터 분리되었다. 침팬지가 인간의 조상이 아니라 공동의 조상이 있었고, 어느 유인원이 공동의 조상에서 분리되어 나온 후 인간으로 진화했다는 뜻이다. 진화 과정에 공동조상으로부터 분리된 수많은 유인원이 있었으나 단 한 종만이 마지막까지 살아남았는데 그것이 호모사피엔스다. 인간이 유인원에서 분리되어 나온 시기는 평균적으로 600만 년 전이라고 하는데 이는 직립이 시작된 시기다. 어떻게 직립하게 되었을까?

개나 고양이는 등뼈가 지면과 나란하여 0도다. 반면에 사람은 걸을 때 완전히 직립하여 90도다. 침팬지는 허리가 약간 들려 있어 대략 30~40도 정도 된다. 직립하려면 골반과 허리는 물론 목뼈 구조가 함께 바뀌어야 한다. 침팬지는 멀리 갈 수 없다. 그 이유는 침팬지는 허리가 굽어 이동할 때 인간보다 적어도 4배 이상의 에너지를 소모하기 때문이다.

침팬지가 항상 나무 위에서 생활하는 것은 아니다. 나무 위에서 생활하기에는 몸집이 너무 크다. 나무 위에서 생활할 때는 꼬리도 있고 더 작았는데, 지면에서 생활하면서 꼬리가 없어지고 체격도 커지며 유인원으로 진화한 것으로 추정된다.

완전히 정글일 때는 가까운 곳에서, 예를 들면 반경 1 km 이내에서 먹이를 구할 수 있었다. 그러다 정글이 줄어들고 초원이 늘어나자 이제는 2 km 밖에서 먹이를 구해야 했다. 침팬지 중에는 허리 각도가 30도인 침팬지도 있고, 31도인 침팬지도 있는 등, 다양했을 것이다. 이들이 먹이 경쟁에 나서자 자동적으로 허리가 펴진 쪽이 유리하게 되었으며, 덜 펴진 쪽은 먹이 경쟁에서 패하여 멸종했다.

아니면 반대로 꼬리도 새로 만드는 등 다시 개나 고양이 같은 네발 동물로 돌아가 초원 생활에 적응해야 하는데, 이미 수백만 년 이상 꼬리 없는 유인원 생활을 했기 때문에 이는 불가능하다.

이 과정을 반복하다 보니 진화가 방향성을 가지게 되었고, 결국은 완전히 펴진 직립 유인원이 등장했는데, 이 과정이 대략 100만 년 정도 걸린 것으로 추정된다. 100만 년에 50도를 폈다면 1도 펴는 데 약 2만 년이 걸린 셈이다.

인간은 20세까지 머리가 커지나 침팬지는 3세가 되면 머리 성장이 멈춘다. 따라서 직립 진화 시 유인원은 1세대가 약 10년이었을 것으로 추정한다. 1도를 펴는 데 소요된 시간이 2만 년이면 2,000세대다. 한 대를 거치며 1/2,000도씩 골반과 허리 구조가 바뀌었다는 뜻이다. 화석으로 보면 직립 당시 초기에는 유인원의 키가 1 m 정도로 현생 인류의 절반보다 약간 컸다. 그러면 체중은 30~40 kg으로 지금의 침팬지 정도였을 것이다.

4

왜 사람은 다른 포유동물 같은 털이 없을까?

사람도 본래는 침팬지나 고릴라처럼 온몸이 털로 덮여 있었다. 그런데 언제부터인지 머리털과 음모를 제외하고는 대부분의 털이 사라졌다. 언제 왜 사라졌을까? 털은 죽으면 쉽게 사라지므로 화석으로도 확인이 어렵다.

학자들은 털이 사라진 것은 땀을 배출하기 위해서였다고 본다. 즉 열역학적 효율 문제였다는 것이다. 유인원의 4족 보행은 장거리를 갈 수 없으나 2족 보행은 장거리를 갈 수 있다. 따라서 인류가 먹이를 찾아 장거리를 이동하면서 땀을 효과적으로 배출하기 위해 털이 사라졌다는 것이다.

반면에 털이 없어도 추울 때는 동굴 생활을 하거나, 불을 피우거나, 또는 의복으로 몸을 감쌀 수 있게 되었다. 따라서 체온을 효과적으로 유지하는 방법이 개발된 이상 털은 이전과 같은 기능을 하지 않게 되었다.[67]

분자생물학적으로 보면 털이 사라진 시기는 약 300만 년 전으로 파악되는데 그 근거는 다음과 같다. 인간의 털에는 두 종류의 이가 기생하는데, 머리털에 사는 이와 음모에 사는 이가 종이 다르다. [그림]의 머리털에 사는 이는 인간 고유종으로 먼저 들어왔으며, 음모에 사는 이는 나중에 들어왔는데, 고릴라의 이와 유사한 종류라고 한다.

유전자 시계라는 것이 있어서 유전자를 비교하면 유전자가 언제부터

67 개가 추울까 봐 옷을 입혀 기르면, 털가죽이 상하고 면역력이 떨어져 빨리 죽는다.

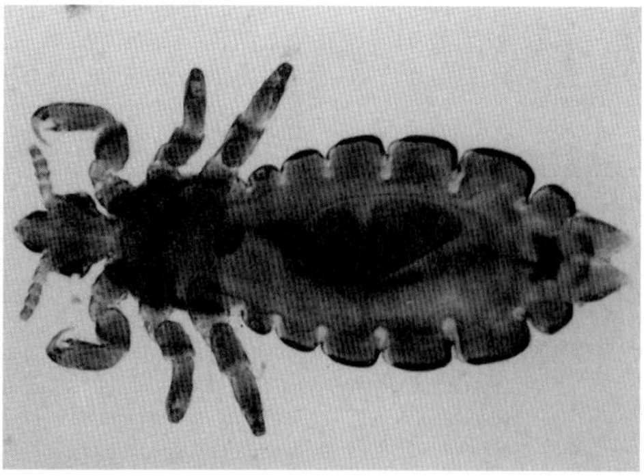

[그림] 머릿니(head louse)를 확대한 모습. 머리, 가슴, 배의 세 부분으로 이루어지고 3쌍의 다리가 있는 곤충의 일종이다.

달라지기 시작했는지를 대충은 알 수 있다. 고릴라의 이와 유전자를 비교해 보니 약 300만 년 전에는 동일한 종이었는데 이후 분리되기 시작했다고 한다.

몸에 털이 아래위만 남고 사라지는 시기에 본래의 이는 머리털로 가고, 당시 고릴라와 함께 생활하던 인류의 몸에 고릴라의 이가 들어와 인류의 음모에서 살게 되었다는 뜻이다. 이후 인류의 음모에 기생하게 된 이는 고릴라의 이와 점차 다른 종류로 분화해 갔다. 따라서 의복의 역사도 털이 사라지면서 시작했을 테니 무려 300만 년이나 된다. 의복의 역사가 내 예상보다 훨씬 오래되었다.

이가 인류의 진화 과정을 알려 주는 증거로 사용되다니, 참, 세상에는 쓸모없는 것이 없다. 해충이란 인간에게 해가 되는 벌레라는 뜻이 아니라, 인간의 공부가 미진하여 어떻게 유용하게 사용하는지를 아직 밝혀내지 못한 벌레라는 뜻이다.

5

쌀알로 장기판 덮기

쌀은 아열대성 작물이다. 따라서 더운 지역이 원산지다. 사람들이 농경을 시작한 것은 마지막 빙하기가 끝나고 지구가 온화해진 다음이라고 한다. 처음부터 쌀을 재배한 것은 아니고 여러 가지 작물을 재배하던 중에 쌀이 식량으로 적합하여 개량된 것이다. 특히 아시아의 계절풍 기후에 적합하여 전 세계 생산량의 90 %를 아시아에서 생산하고 있다. 쌀 생산의 양대 국가는 물론 인구가 많은 인도와 중국이다.

한반도에 쌀농사가 들어온 것은 고고학적으로는 BC 30세기경으로, 고양시 가와지 마을에서 발굴된 5,000년 전 볍씨가 가장 오래되었다.[68] 시기적으로는 청동기 초기다. 쌀 재배지 중에 가장 북쪽이 연해주인데 우리 조

[그림] 쌀밥을 주는 고마운 벼.

68 http://www.mygoyang.com/news/articleView.html?idxno=33851

상들이 올라간 결과다. 연해주의 크기는 아무르강 남쪽만 따져도 한반도 전체와 비슷하다. 일제 강점기 때 수많은 독립운동가들이 일제의 탄압을 피해 고향을 떠나 조금이라도 자유가 있는 만주와 연해주로 갔다. 오늘날 중국의 조선족들과 러시아와 중앙아시아의 고려인들은 그분들의 후예다.

쌀 한 톨의 무게는 얼마나 될까? 과거에 노래로도 나온 적 있었는데, 무게로 따질 수 없다는 것이다. 그래도 구태여 따진다면 1 mg 정도 되지 않을까? 인도 고사에 나온다는 옛날 문제를 한번 살펴보자.

장기판은 $8 \times 9 = 72$칸으로 되어 있다. 만일 쌀로 장기판 칸을 2배씩 증가시키면서, 즉 첫 번째 칸에는 1톨, 두 번째 칸에는 2톨, 세 번째 칸에는 4톨, 네 번째 칸에는 8톨, 다섯 번째 칸에는 16톨…… 이런 식으로 다 채우려면 얼마나 많은 쌀이 필요할까?

쌀 1톨이 $1\ \mathrm{mg} = 10^{-6}\ \mathrm{kg}$이다. 2배씩 72번 지나므로 2^{72}을 곱한다. 그러면 다음처럼 된다. $10^{-6}\ \mathrm{kg} \times 2^{72} = 10^{x}\ \mathrm{kg}$. 이렇게 두고 x를 구하는 것이다.

$2^{72} = 10^{x+6}$이므로 양변에 로그를 취한다. $x + 6 = 72 \log 2 = 72 \times 0.3 \approx 21$. 따라서 $x = 15$이므로 장기판의 칸을 다 채우려면 $10^{15}\ \mathrm{kg} = 10^{12}\ \mathrm{t}$이 필요하다. 즉 1조 톤이다. 현재 남한의 연간 총 쌀 생산량은 약 400만 톤으로 1조 톤에 비하면 극미량에 불과하다.

6

인도-유럽어군의 성립

영어는 유럽의 대부분과, 아시아의 이란부터 파키스탄과 아프가니스탄을 거쳐 인도 중북부까지 사용되는 인도-유럽어군의 하나로 분류된다. 중앙아시아의 여러 국가들은 터키와 유사한 언어를 사용하는데 이 언어는 소위 우랄-알타이어 또는 시베리아-몽골어라 부르는 북아시아계 언어로 한국어 역시 이 계통이며, 중국어는 시노-티베탄이라 부르는 또 하나의 아시아계 언어다.

그런데 유럽 국가들 속에 박혀 있는 나라들 중에 크게 4개의 언어는 인도-유럽어가 아니다. 핀란드어, 에스토니아어, 헝가리어, 그리고 바스크어가 그 언어들이다. 앞의 세 개를 아시아계 언어라 하고, 뒤의 바스크어는 세계의 어느 언어와도 연결되지 않는 독립적인 언어다. 그런데 언제 이 인도-유럽어가 생겼을까? 이것은 유럽의 역사와 관련이 있다.

아프리카에서 발생한 인류는 약 100만 년 전부터 지속적으로 아프리카를 떠나 아시아와 유럽으로 들어갔는데 그중 날씨가 온화한 아시아로 먼저 들어간다. 유럽은 추워서 약 30만 년 전부터 사람들이 들어가 살기 시작하는데 이들을 네안데르탈인이라 부른다.[69]

현생 인류에게 가장 많은 유전자를 물려준 호모사피엔스는 약 10만 년

---

69 독일의 네안데르탈 지역에서 처음 발견되었다고 해서 이렇게 이름이 붙었다.

전에 아프리카를 떠난 그룹이다. 유럽에는 약 5만 년 전부터 이들이 들어가 네안데르탈인을 비롯한 먼저 들어간 인종들을 흡수하는데 이들을 크로마뇽인이라고 부른다. 인류를 유전학적으로 크게 두 인종으로 나누면 네안데르탈인의 유전자를 받지 않은 인종과 받은 인종으로 나눈다. 전자가 아프리카 흑인이고 후자가 나머지 여타 인종들이다.

당시 유럽은 추워서 농경을 할 수 없었다. 약 1만 2,000년 전에 빙하기가 끝나고, 유럽이 따뜻해져 농경이 가능해지자, 중동 지방과 흑해 연안에 살던 농경 민족들이 농경기술을 가지고 유럽과 인도 아대륙(subcontinent)으로 들어가게 되는데 그들의 언어를 인도-유럽어라고 한다. 이들이 현 유럽인들에게 가장 많은 유전자를 물려준 종족이다.

뒤에 들어간 사람들이 앞에 들어간 사람들을 흡수하든 자신들이 흡수되든 간에 상호 작용을 통하여 언어가 형성되는 것이다. 서로 다른 언어군이 만났을 때 언어는 문화력이 강한 쪽이 지배한다. 문화력에서 가장 큰 요소는 인구지만, 원주민 출신들이 훨씬 많이 사는 중남미의 지역에서도 스페인어를 사용하는 것을 보면 인구가 절대적인 것은 아니다.

1세기의 로마 역사학자 타키투스(Tacitus)가 북쪽의 게르만족이 자신들과 어떻게 다른지를 설명한 글이 있는데, 푸른 눈(로마인들은 대개 갈색 눈이었다.)과 노란 머리(로마인들은 대개 검은 머리였다.), 그리고 건장한 체격(로마인들은 대개 체격이 작았다.)을 언급하고 있는 것으로 보아, 인도-유럽인의 유전자가 균일하게 섞인 것이 아니라 지역에 따라 다르다는 것을 알 수 있다. 처음에 인도-유럽인이 유럽에 들어갈 때는 모두 검은 머리털에 갈색 눈동자였다고 생각된다. 그런데 이들이 유럽에 들어가 보니 푸른 눈동자에 노란 머리를 가진 키가 큰 사람들도 살고 있었다. 이것은 추위에 수만 년 이상 적응하는 과정에서 유전자가 변형된 것이다.

인도-유럽인들은 빙하기 전에 들어간 유럽인들을 언어적으로 모두 흡수하여 인도-유럽어로 통일시켰는데 단 한 무리만 그렇게 하지 못했다. 그들이 프랑스와 스페인 국경 지대, 대서양 변 피레네 산맥 지대에 사는 바스크족이다.[70] 따라서 바스크어를 유럽 원주민어 혹은 크로마뇽 언어라고 부른다. 이 바스크어는 세계적으로도 가장 오래된 고어에 들어간다.

인도 방면으로 들어간 종족은 빙하기 전에 들어온 사람들을 남부와 동부로 밀어냈는데 그들이 드라비다어족으로 인도 인구의 약 1/4이 사용한다. 인도에는 적어도 1,500개 이상의 언어가 존재하고 100만 명 이상이 사용하는 언어만 30개가 넘는다고 한다. 인도 아대륙은 종교로 파키스탄, 방글라데시, 스리랑카, 인도 등 국가로 나뉘며, 인도는 다시 언어를 중심으로 각 주가 나뉜다.

이후 아시아 쪽에서 지속적으로 유럽으로의 이민이 이루어지는데 모두 인도-유럽어에 동화되었지만 단 세 종족만은 동화되지 않고 아시아계 언어를 사용한다. 핀란드어, 에스토니아어, 그리고 헝가리어다. 유럽으로 가장 최근에 온 이민이다. 이들은 인종적으로는 유럽인이 되었지만 언어만큼은 우리와 같은 시베리아-몽골어를 사용한다.

한편 인도-유럽인의 한 갈래가 알프스 산간에서 수천 년을 살다가 약 3,000년 전부터 유럽 각지로 흩어지게 된다. 주류는 서쪽의 프랑스로 가서 스페인과 영국에 이르고, 일부는 동쪽으로 가서 터키까지 들어가게 되는데 이들을 켈틱(셀트족, Celtic)이라 부른다.

인도-유럽어 중 유럽어에는 크게 라틴계, 게르만계, 슬라브계의 세 가지 소그룹이 있는데 인종도 이와 거의 비슷하다. 하지만 언어와 인종이 섞이다 보니 이들을 분명하게 나눌 수는 없다. 이란어는 동유럽의 슬라브어와 비슷하고, 켈트어는 라틴어 및 게르만어와 비슷하다.

---

70 군대에서 착용하는 베레모가 바스크 전통 모자다.

많은 언어들 중에 다음의 세 언어가 흔히 세계 3대 언어라 불리며 오늘날 영향력을 떨치고 있다.

① 영어: 고대 게르만족 국가들의 언어가 기반이 되었는데 일찍 바다로 나간 영국을 통하여 세계화되었다. 미국의 힘을 바탕으로 외교 및 학술 공용어가 되었다.

② 스페인어: 고대 로마인이 사용하던 언어에 기반을 둔 라틴계 언어로, 일찍 바다로 나간 스페인을 통하여 세계화되었다. 가장 많은 나라가 사용한다.

③ 북경어: 중국 인구의 2/3가 사용한다.

7

흑해 범람과 노아의 홍수

흑해(black sea)는 유럽과 아나톨리아, 캅카스 사이에 있는 바다로, 우크라이나, 루마니아, 불가리아, 터키, 러시아, 조지아(그루지야) 등 여러 국가에 둘러싸여 있다. 흑해는 동유럽과 서남아시아를 나누는 경계가 되며, 보스포루스(Bosphorus) 해협과 다르다넬스 해협으로 지중해와 연결된다. 넓이는 42만 2,000 km^2이고, 가장 깊은 곳은 2,200 m다. 한반도 전체 면적이 약 22만 km^2이니 한반도의 거의 2배다.

약 1만 2,000년 전 지구 북반구의 절반을 덮고 있던 빙하가 서서히 녹기 시작했다. 빙하가 녹자 바다의 수면이 높아지고 그에 따라 바닷가에 대규모 홍수가 발생했는데, 이는 청동기 시대에 있었던 전 지구적인 대홍수의 신화로 남아 있다. 그런데 빙하는 지금도 녹고 있고 해수면은 지금도 올라가고 있다.

아시아와 유럽 사이에 존재하는 흑해는 지중해와 연결되어 있음에도 불구하고 염분의 함량이 일반적인 바다의 절반에 불과한 저염도 바다다. 생물학적으로는 약 7,500년 전까지는 민물조개가 살았는데 점차 바닷물조개로 대치되어 6,900년 전부터는 완전히 바닷물조개가 살게 되었다고 한다. 그리고 북쪽 바닷속에 사람이 살던 청동기 시대 거주지 흔적이 발견되었다.

7,500년 전에는 흑해가 지중해와 단절된 민물호수였다는 것이다. 지중

해와 흑해는 육지 둑으로 분리되어 있었고 그때는 크기가 대략 [그림 1]의 '나' 지역까지로 지금보다 작았다. 그런데 대서양의 해수면이 높아지자 지중해의 해수면이 높아졌고, 지중해의 해수면이 높아지자 어느 날 육지 둑이 지중해 쪽의 수압에 의해 무너졌다는 것이다. 그러자 흑해가 지중해와 연결되어 지중해 물이 흑해로 밀려 들어와 대홍수가 발생하여, '다' 지역이 물에 잠기게 되었다는 것이다. 이후 점차 바닷물 바다로 전환되었는데 그 기간이 약 600년이 걸렸다는 것이다.

학자들은 약 7,500년 전 청동기 시대에 흑해 주변에서 발생한 이 대홍수를 신화적 형태로 기록한 것이 구약에 나오는 노아의 홍수가 아닌가 하고 생각한다. 아틀란티스의 전설도 세계 각지에서 벌어졌던 여러 대홍수들의 연장선으로 본다.

[그림 2]는 흑해와 지중해의 연결 부분으로 흑해와 지중해 사이의 작은

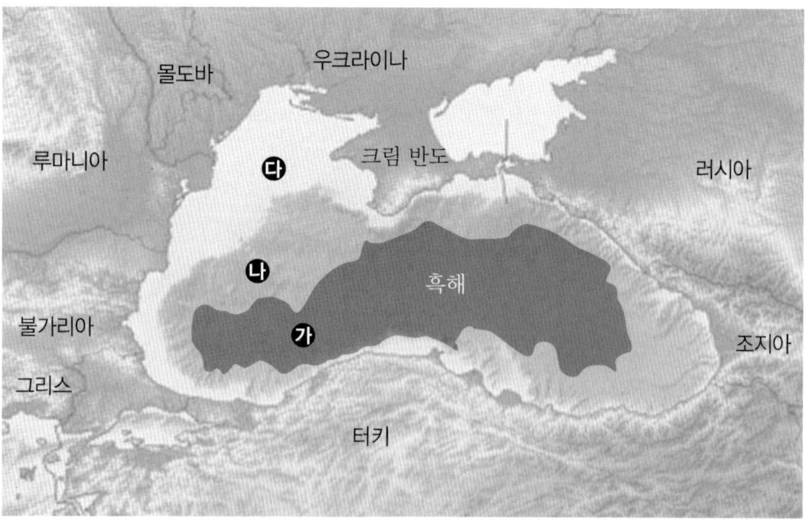

[그림 1] 이 사진에서 '가' 지역의 수심이 가장 깊고, 그다음이 '나' 지역, 그리고 '다' 지역의 수심이 가장 얕다. '다' 지역에서 청동기 시대 유적이 발견되었다. 즉 한때는 육지였다는 뜻이다.

[그림 2] 원 안이 인구 천만이 넘는 유럽 최대의 도시인 이스탄불로 중세 동로마 제국 때는 수도인 콘스탄티노플이었다. 서쪽으로는 불가리아와 그리스가 접한다.

바다가 마르마라(Marmara)해다. 보스포루스 해협을 매일 1,000척 이상의 배가 통과한다. 물이 흑해에서 지중해로 흐른다.

종교의 분화: 정글의 생각과 사막의 생각

인도 같은 정글지대에서는 주위가 동식물로 가득 차 있다. 사람은 정글의 일부고 세상 모든 것은 다 영혼이 있다. 자연과 하나로 합하는 것이 중요하다. 힌두교나 불교 같은 다신교다.

중동의 사막지대에는 하늘과 땅 사이에 나밖에 없다. 자연에서 분리해내는 것이 중요하다. 유대교나 기독교나 이슬람교 같은 일신교다.

그리스의 주변 바다는 아주 맑아서 바닷속이 투명하게 보이고 푸른 하늘 역시 청명하다. 근거가 있어야 사람들이 믿는다. 이성(理性, reason)과 합리주의, 그리고 인본주의와 자유정신이다.

다신교는 눈만 뜨면 보이는 것이 많으니 깨달음은 곧 눈을 뜨는 것이다. 관조(觀照)다. 일신교는 보이는 것이 없으니 듣는 것이 중요하다. 깨달음은 귀를 여는 것이다. 복음(福音)이다.

이성과 합리주의는, 한 명의 현인(賢人)이나 철인(哲人)은 실수할 수 있기 때문에 보통의 여러 사람들의 의견을 모아 최악만은 피하고자 한다. 민주주의다. 자신이 해 본 것을 다른 사람도 해 보아 같은 결과를 낼 수 있게 한다. 자연과학이다.

정글 종교는 낮의 세계고 광학의 세계다. 반면에 사막 종교는 밤의 세계고 음향학의 세계다. 사막 종교는 보는 것보다 듣는 것이 중요하므로 눈으로 읽는 경전이 단순한 대신에 소리를 내고 듣는 기도와 찬송가가 발달했다. 반면에 정글 종교는 보는 것이 중요하니 경전이 많고 복잡하다. 대신에 소리를 듣고 내는 것이 단순하다.

불교 행사는 눈에 잘 보이는 낮에 하고 밤에는 쉬지만, 기독교나 이슬람교는 보는 것은 상관없고 듣기만 하면 되므로 밤 행사도 중요하다.

정글 종교는 해가 막 떠올라 빛의 세계가 시작되는 새벽이 중요하고, 사막 종교는 해가 막 져 소리의 세계가 시작되는 저녁이 중요하다.

정글에서는 사람이 죽으면 곧 흙으로 돌아가므로 원수를 쉽게 잊는다. 반면에 사막에서는 뼈가 오래도록 남기 때문에 원수를 쉽게 잊지 못한다.

정글에서는 죽으면 땅으로 들어갔다가 다시 올라온다고 생각한다. 윤회다. 주변이 생물체로 가득 차 있으므로 무엇이 되어 어떻게 올라올지 모른다. 집단주의다.

사막에서는 죽으면 하늘로 올라갔다가 다시 땅으로 내려온다고 생각한다. 승천과 부활이다. 하늘과 땅 사이에 나 외에는 아무것도 없으니 올라가는 것도 나고 내려오는 것도 나다. 개인주의다.

기독교의 교회(또는 성당)와 이슬람교의 모스크의 가장 기본적인 차이는 내부를 인물화로 장식하느냐 기하학적 무늬로 장식하느냐다. 이슬람교는 사막에서 시작하여 사막에서 머물러서 인물화가 안 나타났지만, 기독교는 사막에서 시작했으나 유럽의 숲 지대로 옮겨가 인물화가 나타난 것이다. 이슬람교도 인도네시아 정글로 들어갔기 때문에 시간이 지나면 어떤 형태로든 인물화가 등장할 것이라고 본다.

9

나주 고분군과 경주 고분군의 차이

한반도에서 봉분의 크기가 가장 큰 고분은 구 신라 지역인 남한에 있다. 경주의 황남 대총인데 길이가 거의 100 m급이다. 5세기 초에 축조되었고 앞 세대 경주 지역 고분들과 전혀 관련이 없다. 경주 외에 대형 고분이 가장 많은 도시는 나주다. 나주 인근까지 고려하면 나주가 경주보다 훨씬 많다. 나주나 경주는 둘 다 공통적으로 삼국 시대 고분 문화가 집적된 도시인데 차이가 몇 가지 있다.

나주 고분 주인들은 BC 1세기에 들어왔고, 경주 고분 주인들은 4세기에 들어왔다

BC 1세기는 삼국의 건국기로 민족의 대이동 시기다. 반면에 4세기는 3세기 이후 아시아 한랭화로 인하여 북방 유목 민족들이 목초지를 찾아 남으로 이동하여 동양사에 5호 16국 시대가 펼쳐지고, 서양사에서는 훈족의 등장과 게르만족의 대이동이 시작된 시기다.

나주는 3세기에 대형 옹관이 등장하는데 처음에는 옹관만 대형이었으나 4세기 중반부터 분구도 대형이 된다. 청동기 시대에 들어온 옹관묘가 점차 커지다가 5~6세기 백제의 웅진 시대에 금은제 위세품을 부장하는 등 전성기를 맞고, 백제가 사비로 천도하는 6세기 중반이 되면 사라진다.

반면에 경주는 4세기 말 내물왕의 등장과 함께 갑자기 초대형 고분이 등장하고, 이후 점차 작아지다가 6세기 중반 법흥왕이 불교를 공인하고 법

[그림] 광주 박물관에 있는 옹관. 백제 부여씨들의 전통 묘제였다.[71]

령을 정비하면서 사라진다. 나주는 권력 집단이 서서히 성장했으나 경주는 처음부터 강력한 권력 집단이 나타났다는 뜻이다.

나주 고분들은 농경 민족의 문화고, 경주 고분들은 유목 민족의 문화다

옹관은 청동기 시대 농경 민족의 유물로 아시아 전역에서 발견되는데 철기 시대로 들어가면서 사라지고 다른 고분 문화로 바뀐다. 그런데 영산강 유역은 다른 고분 문화로 바뀌지 않고 [그림]처럼 그대로 대형화되었다. 옹관묘는 분구 주위에 도랑을 파고 물을 채우는 도랑묘(주구묘)의 일종이다.

반면에 경주 고분들은 주로 말을 비롯하여 몽골 초원과 중앙아시아 유목사회의 성격들이 보인다. 도랑을 만들거나 하지 않고 내부에 나무로 집을 만든 후 자갈과 돌로 겹겹이 쌓는다. 나주 고분들은 도굴이 쉬워 유물이 많이 남아 있지 않으나 경주 고분들은 도굴이 어려워 많은 유물이 보존되었다.

나주 고분들은 집단 매장이고, 경주 고분들은 단독 매장이다

나주의 옹관묘는 분구 하나에 여러 개의 옹관이 발견되어, 대를 이어

71 삼한사의 재조명 2(2011) 김상, 북스힐.

여러 명을, 많게는 수십 명까지 집단적으로 매장하던 떼장(집단묘)이다. 따라서 엄밀히 말하면 옹관묘는 고대 납골당 형식의 공동묘지로, 일반적인 고분이 아니다. 나주의 옹관묘는 왕의 묘로는 적합하지 못하여, 만일 이 지역 출신이 다른 지역에 가서 왕이 되면 옹관묘를 쓰지 않았을 것이다. 반면에 경주 고분군은 묘 하나에 한 명씩 매장하던 훨씬 더 보편적인 매장 형식이다. 나주는 봉분 모양이 원형, 사각형, 사다리꼴, 막대기형 등 일정하지 않으나, 경주는 모두 원형이다.

나주 고분들은 흩어져 있고, 경주 고분들은 집중되어 있다

나주는 고분들이 영암, 해남, 무안, 함평, 해남, 광주 등등에 넓게 흩어져 있다. 반면에 경주의 고분들은 대능원을 중심으로 좁은 지역에 집중되어 있다. 고분 하나의 규모는 경주가 크나, 나주를 중심으로 한 영산강 유역에는 경주보다 훨씬 많은 고분들이 있다. 이는, 경주는 소수의 강력한 지배층이 중앙 집권적 통치를 했으나, 나주는 지배층이 다수인 집단 지도 체제 형식이었다는 뜻이다.

나주에는 궁궐이 없었으나, 경주에는 궁궐이 있었다

나주는 궁궐이 없고 부근에 이를 방어할 도성도 없었다. 따라서 나주는 왕이 거주하는 국가의 수도가 아니었다. 반면에 경주는 궁궐이 있고 성곽 등 방어체제가 잘 갖추어져 있었다. 따라서 경주는 왕이 거주하는 국가의 수도였다. 또 경주 부근에서는 많은 전쟁이 벌어졌으나 나주 부근에서는 별다른 전쟁이 없었다는 뜻이기도 하다.

10

6세기 신대륙의 모습

옛날 남미의 아마존 강 부근에는 여인들만 사는 여인국이 있었다는 전설이 있다. 이른바 아마조네스다. 그런데 이 여인국에 대한 기록은 동양에도 전해 내려온다. 6세기 양나라 역사를 기록한 양서 동이제융전에는 여인국을 포함한 이상한 나라들에 대한 소개가 있다. 다음의 기록들은 지금으로부터 약 1,500년 전 어느 지역들의 상황을 묘사한 것이다. 과연 어디일까?

"文身國，在倭國東北七千餘里。 人體有文如獸，其額上有三文，文直者貴，文小者賤。 土俗歡樂，物豊而賤，行客不齎糧。

문신국은 왜국의 동북쪽 칠천여 리에 있다. 사람들은 몸에 문신이 있어 짐승처럼 보인다. 그 이마 위에 세 개의 무늬가 있는데, 무늬가 곧은 것은 귀한 것이고, 무늬가 작은 것은 천한 것이다. 풍속에 음악을 좋아하고 물건이 풍부하고 값이 싸서, 길을 가는 사람들도 양식을 가지고 다니지 않는다."

양나라 당시 왜국은 지금의 일본 열도다. 당시라고 하는 이유는 시대에 따라서는 왜국이 중국 대륙에도 있고, 한반도에도 있고, 동남아에도 있었기 때문이다. 이 기록은 일본에서 캐나다를 가는 연안 해로와 방향과 거리가 일치한다. 지금도 캄차카 반도와 알래스카를 거치는 북극 연안 항로가 캐나다로 가는 가장 쉬운 방법이다.

통상적으로 문신은 옷을 벗고 다니는 남방 풍습인데 몸에 문신을 한다고 했다. 그런데 짐승처럼 보인다고 하는 것을 보면, 짐승 가죽으로 된 옷과 모자를 쓰기 때문으로 추정된다. 날씨가 추워 짐승 가죽으로 의복을 해 입기 때문에 멀리서 보면 마치 짐승처럼 보여서가 아닐까? 얼굴에 색을 칠하는 것은 미주 원주민들의 풍속으로 지금도 남아 있다.

“扶桑國者, 齊永元元年, 其國有沙門〈慧深〉來至荊州, 說云 :「扶桑在大漢國東二萬餘里, 地在中國之東, 其土多扶桑木, 故以爲名。」 扶桑葉似桐, 而初生如筍, 國人食之, 實如梨而赤, 績其皮爲布以爲衣, 亦以爲綿。作板屋, 無城郭。

부상국은 제나라 영년 원년에 그 나라 중 혜심이 형주로 와서 말하길, 부상은 대한국의 동쪽 2만여 리에 있으며 중국의 동쪽에 있다. 땅에 부상나무가 많아, 고로 이름을 삼았다. 부상의 잎은 오동나무와 같고, 잎이 처음 나올 때는 죽순과 같아 나라 사람들이 이를 먹는다. 열매는 오얏과 같고 색이 붉다. 그 껍질에서 실을 뽑아 베를 만들어 옷을 짓는데 또한 비단이다. 판잣집을 짓고 성곽은 없다.”

대한국이 어디인지는 모르나 중국 동쪽 끝에서 2만 리를 바닷길로 세면 대개 북미 대륙이다. 부상 나무가 무엇인지는 불확실하나 글자로 보면 오동나무나 뽕나무와 유사한 것 같다. 순이 죽순처럼 나오는 것은 대개 온대/난대 식물이다. 추운 지방은 대개 나뭇잎이 가늘다. 부상국에서 온 사람이 중이라고 하는 것을 볼 때 옷차림이나 머리, 손에 든 지팡이 등 행색이 당시 중국의 승려와 유사했던 것으로 보인다. 지팡이는 시베리아 샤먼의 모습이거나 미주 원주민 추장이 들고 다니는 나무 막대기가 아니었을까? 성곽이 없는 것을 보니 고구려는 아니다.

"名國王爲〈乙祁〉; 貴人第一者爲〈大對盧〉, 第二者爲〈小對盧〉, 第三者爲〈納咄沙〉。 國王行有鼓角導從。

나라의 왕을 을기라 부르며, 귀인 중 제일 자를 대대로, 제이 자를 소대로, 제심자를 납돌사라 한다. 나라의 왕이 길을 가면 북을 치고, 뿔피리를 불면서 따른다."

행진하며 북과 피리를 사용하는 것은 고구려의 전통풍습으로 고구려 벽화에서도 나타난다. 고구려 벼슬명인 대대로가 북방에서 촌장이나 연장자를 뜻하는 보통명사일 가능성도 있다. 하지만 자신들이 직접 접했을 뿐 아니라 강대한 세력이었던 고구려에 대해서는 잘 알고 있었기 때문에 중국 사서에 별도로 기록하고 있다. 동이제융전은 자신들과 접하지 않았던, 더 멀리 있었던 나라들이다. 이들이 우랄/알타이어(시베리아) 계통이며 고구려에서 멀지 않은 곳에 있다는 뜻이다.

"有牛角甚長, 以角載物, 至勝二十斛。 車有馬車, 牛車, 鹿車。 國人養鹿, 如中國畜牛, 以乳爲酪。 有桑梨, 經年不壞。 多蒲桃。

소뿔이 매우 길어서 뿔에다 물건을 매다는데 이십 되나 실을 수 있다. 수레에는 말 수레, 소 수레, 사슴 수레가 있다. 나라 사람들은 사슴을 기르는데, 생김새가 중국에서 키우는 소 같다. 젖을 짜서 발효유를 만든다. 역시 배나무가 있는데 해마다 무너지지 않는다. 포도가 많다."

미 대륙 소는 들소뿐인데 가축이 안 되고 뿔이 짧으므로 아니다. 뿔에다 물건을 매다는 소는 지금은 없다. 소 같이 생기고 수레를 끄는 사슴이라면 순록이다. 산타클로스가 타는 수레를 끄는 사슴이 순록인데 당시 시베리아–알래스카에는 순록이 가득했다. 말이나 사슴의 젖을 짜서 발효유를 먹는 것은 몽골, 시베리아, 알래스카 등 북방 시베리아 풍습이다. 배와 포도는 온대성 식물인데 포도 종류의 덩굴과일이 유명한 지역은 지중해 연안과 캘리포니아를 비롯한 북미 서부 해안지대다.

“其婚姻, 婿往女家門外作屋, 晨夕灑掃, 經年而女不悅, 即驅之, 相悅乃成婚。婚禮大抵與中國同。

그 혼인하는 법에, 사위되는 사람이 여자 집에 가서 문밖에 집을 짓고 새벽과 저녁으로 청소하는데, 그해에 여자가 좋아하지 않으면 돌아오고 서로 좋아하면 결혼하게 된다. 혼인하는 예는 대개 중국과 같다.”

혼인하는 법이 고구려와 유사하다. 이 책에서 부상국에 대한 기록 분량이 가장 많은 것을 볼 때, 부상국은 항해하면서 가장 많이 만난 나라로 아주 넓은 지역일 것이다. 즉 해안을 따라 길게 놓여 있던 나라일 가능성이 크다. 따라서 이 지역은 고구려 북쪽인 시베리아 연안에서 알래스카와 북미 대륙 서쪽의 로키 산맥과 북태평양 사이로 추정된다.

“慧深又云 :「扶桑東千餘里有女國, 容貌端正, 色甚潔白, 身體有毛, 發長委地。至二, 三月, 競入水則任娠, 六七月產子。女人胸前無乳, 項後生毛, 根白, 毛中有汁, 以乳子, 一百日能行, 三四年則成人矣。見人驚避, 偏畏丈夫。食鹹草如禽獸。鹹草葉似邪蒿, 而氣香味鹹。」

혜심이 또 말하기를, 부상국 동쪽 천여 리에 여국이 있는데, 얼굴이 곧고 깨끗한 백색이고, 몸에 털이 있으며, 머리칼이 길어 땅까지 이른다. 이삼 월 달에 이르러 앞다퉈 물에 뛰어든다. 그러면 곧 새끼를 배고 육칠월에 새끼를 낳는다. 암컷은 앞가슴에 젖이 없고, 목뒤에 털이 있어 털뿌리는 하얗다. 털 가운데에 즙이 있어 새끼에게 젖을 먹인다. 백 일이면 능히 걸을 수 있고, 삼사 년이면 성체가 된다. 사람을 보면 놀라서 피하는데, 특히 장부를 두려워한다. 쓴 풀을 먹는다. 쓴 풀의 잎은 사호와 같은데 향과 맛이 쓰다."

부상국은 태평양 쪽인 서쪽에 있고 여인국[女國]은 동쪽에 있는 것으로 보아 대서양 쪽이다. 여기 나오는, 흰 털로 덮이고 여자처럼 생긴 동물은 중남미 정글의 나무늘보와 유사하다. 나무늘보는 체온이 낮고 움직임이 느린데, 특이하게 고환이 몸 안에 있어서 생식기만 보면 다 암컷 같다. 성체가 되는 기간이 3년이라는 것과, 임신 기간도 나무늘보와 비슷하다. 젖이 털 속에 있어서 안 보이는 것도 같다. 주식으로 먹는다는 쓴 풀은 나무늘보의 주식인 세크로피아라는 나뭇잎이 아닌가 생각된다.

콜럼버스가 도착하기 1,000년 전에 이미 동아시아와 미주 대륙 사이에 사람들이 오고 갔다. 그러다 중세 이후 교류가 단절된 것이다. 중국 사서에 이 기록이 남은 것은 역시 신기했기 때문일 것이다. 여인국 전설은 나무늘보로부터 비롯되었을 수도 있고, 또 고대에는 모계 사회가 세계 곳곳에서 보이므로 실제로 주로 여인들만 모여 살았던 인디오 부족이 있었을 수도 있다.

11

백제의 천도

백제를 건국한 비류와 온조가 낙랑과 말갈을 피하여 백성들을 이끌고 황해를 건너 상륙한 미추홀은 인천이 아니라 인주, 즉 《삼국유사》의 기록대로 충남과 경기의 경계 부근인 지금의 아산만이다. 인천은 백제의 건국과 무관하다. 고고학적으로도 인천이 아니라 아산만 부근에서 당시 유물들이 나온다.

이후 두 사람은 갈라섰는데 세력이 컸던 형 세력은 미추홀에 남아 국가를 건설했고, 세력이 작았던 동생 세력은 [그림]에서 북쪽으로 이동했다.

[그림] 초기 백제의 수도. 요서를 출발한 비류와 온조 집단은 황해 바다를 건너 아산만에 상륙했다. 이후 비류 집단이 남고 온조 집단은 한강 유역으로 북상했다.

이후 비류 계열은 금강 중류인 웅진에 도읍하여 해양 국가를 건설했다가, 396년 8월에 고구려 광개토왕에게 패하여, 9월에 왕(응신천황)과 정부가 왜국으로 천도했다.

반면에 온조 계열은 천안의 직산 위례성(≪삼국유사≫)을 거쳐 점차 북상하여 최종적으로 한강 중류인 서울에 도읍했다. 이후 내륙 국가를 건설했다가, 475년에 고구려 장수왕에게 패하여 왕(개로왕)이 죽고, 곤지(웅략천황)의 도움을 받아 비류계의 거점이던 남쪽의 웅진으로 천도했다.

민족 대이동기인 BC 1세기에 비류가 아산만 일대 미추홀에 목지국[72]을 건국했다. 비류는 AD 9년에 마한으로부터 왕권을 탈취한 후 진왕(辰王, 백제왕, 大王)이 되는데 서른 명의 왕이 약 7백년을 영위했다. 목지국을 중심으로 주변의 마한과 변진한에 위치한 여러 나라를 합한 정치체제를 백제(百濟)라 불렀다. 《삼국사기》의 백제는 백제를 구성하던 삼한 소국들 중 마한 지역에 위치했던 하나의 나라로 마지막까지 살아남은 나라였다.

백제는 한왕(韓王)체제이던 마한으로부터 1세기 초에 왕권을 탈취한 후 진왕체제를 수립하는데 진왕이 어디에 도읍하고 있었느냐에 따라 3기로 나뉜다.

[1기] 백제 시대 약 400년

1. 비류 …… 12. 여구 – 13. 여수 – 14. 여휘

[2기] 왜국, 백제 병립 시대 약 80년(396~477)

15. 응신 – 16. 인덕(讚) – 17. 이중(彌) – 18. 반정(珍) – 19. 윤공(濟) – 20. 안강 – 21. 웅략(武, 여곤)

1. 비유 – 2. 개로 – 3. 문주(모도) – 4. 삼근

---

72 목지는 미추의 m–ch형 이두식 표기다.

[3기] 백제 시대 약 200년

22. 동성(여대) – 23. 무령(여융) – 24. 성명(여명) – 25. 위덕(여창) – 26. 혜 – 27. 법 – 28. 무 – 29. 의자 – 30. 풍

15대 진왕인 응신 때 고구려 광개토왕과의 전쟁에서 패하여 396년에 웅진에서 오사카로 천도하여 왜국에서 7왕이 81년을 지냈다. 이후 백제가 고구려 장수왕과의 전쟁에서 패하여 백제의 왕통이 끊기자 477년 4월, 21대 웅략 때 다시 오사카에서 웅진으로 천도했다.[73] 그리고 왜국에 있었던 2기 약 80년 동안 중국 사서에 왜 5왕의 국가로 출현한다.

[1기] 11명의 왕력이 없어서 아쉽지만 230년에 왜여왕 비미호에게 칠지도를 보낸 백제 왕세자는 대략 8대 진왕 정도로 추정된다. 3세기까지는 목지국 왕성이 무엇인지 알 수 없으나, 4세기에 영산강 유역에서 옹관묘를 쌓던 집단이 백제왕을 배출하니 이것이 백제 부여씨의 출현이다. 4세기에 요서에 나타나는 부여씨도 이들인데 흔히 진왕계 백제인이라 해서 백제 진조인(百濟辰朝人)[74]이라 부른다.

[2기] 진왕들의 재위기간이 짧은 것은 천도에 따른 대혼란기였기 때문이다. [2기] 7왕들 중에 '19대 윤공'을 제외한 나머지는 부여씨로 추정된다. [3기]는 모두 부여씨인데 부여로 천도한 후 영산강 유역은 쇠퇴한다. 부여씨(광개토왕 비문의 왜 지배층)는 407년에 고구려군을 추격하며 북상하여 한강 유역의 《삼국사기》의 백제와 결합한다.

5세기 왜국이 무(武) 다음에는 왜 중국 왕조에 사신을 안 보냈을까 하고 이상하게 생각할 수도 있는데, 이사를 가니 주소가 바뀐 것뿐이다. 4세기까지 백제에 있었을 때는 여구, 여휘 등이 백제 간판을 달고 사신을 보

---

73 삼한사의 재조명(2004), 삼한사의 재조명 2(2011), 김상, 북스힐.

74 의자왕의 아들인 부여융의 무덤 지석, 公諱隆字隆百濟辰朝人也元ㅁㅁ.

내다가, 5세기 이후 왜국으로 이사 간 다음에는 왜국 간판을 달고 사신을 보냈고, 5세기 말에 백제로 이사 온 다음에는 다시 백제 간판을 달고 사신을 보낸 것이다.

4세기 이전에 진왕과 《삼국사기》 백제왕의 관계는 어땠을까? 그것은 [2기]의 기록으로 추정한다. [2기] 80년은 [1기] 400년의 흔적을 상당 부분 그대로 가지고 있기 때문이다. 그래서 [2기] 백제 왕력을 기록한 《일본서기》가 중요하다. [3기]는 《삼국사기》 백제본기가 왕력을 기록하고 있다.

저 시각에서 보면 한강 유역은 5세기 중반 잠깐을 제외하고는 백제의 수도인 적이 없었다. 요즘에 논란이 많은 풍납토성은 서울에 있기 때문에 백제의 왕성이 될 수 없다. 5세기 백제 왕릉을 찾으려면 서울로 가면 안 되고 오사카로 가야 한다는 말이다. 오사카의 응신능이나 인덕능으로 전해오는 5세기 고분들이 백제 왕릉으로 추정된다. 실제로 고분 속에서 백제 유물들이 나왔는데 이는 당연한 것이다.

백제가 왜국으로 천도하면 그것은 백제인가, 왜국인가? 그러다 다시 백제로 천도하면 그것은 왜국인가, 백제인가? 가장 연구되어야 하는 시기는 [1기]겠지만 한국 사학계는 앞으로 [2기] 80년을 어떻게 처리할 것인가를 고민해야 할 것이다. 단순히 《삼국사기》처럼 처리할 수 없는 이유는 《삼국사기》는 [2기]도 빼 버렸지만 삼한사인 [1기]도 빼 버렸기 때문이다.

만일 영국 정부가 17세기쯤 미국이나 캐나다로 이사 가 식민지 개척을 하고, 한 100년 후에 다시 영국으로 돌아왔다면, 미국이나 캐나다에 있었던 영국 정부 100년을 영국인들은 어떻게 생각할까? 또 이런 가정도 가능하다. 미래에 우리 정부가 남극 대륙에 한 100년 나갔다가 돌아왔다고 치자. 그러면 우리 후손들은 남극 대륙 100년사를 어떻게 처리할까? 이에 대한 판단이 중요한 이유는 이런 일이 과거에만 그치지 않고 미래에도 발생할 수 있기 때문이다.

12

바이킹 3국

발트해 연안에 위치한 노르웨이, 스웨덴, 덴마크, 이 3국은 오늘날 세계에서 가장 잘사는 국가들이다. 소득의 많은 부분을 세금으로 회수하여 공동 복지에 투자하는 방법으로 지구상 최고의 복지국가를 건설했다. 그런데 이들의 기원은 중세의 악명 높은 해적 집단이었던 바이킹이었기 때문에 바이킹 3국이라고도 한다.

노르웨이는 10월부터 4월까지 눈이 오고 먹을 것이 없다. 건물은 눈이 쌓이지 않도록 지붕이 뾰족한데, 겨울 동안 눈이 쌓이면 지붕이 무너지기

[그림 1] 노르웨이의 빙하 호수 주변의 마을. 지붕이 모두 뾰족하다.

때문이다. 로마 시대에는 스칸디나비아 반도가 추워서 사람이 별로 살지 않았다. 그러다가 중세가 되면서 발트해 연안에 게르만족들이 몰려가 살기 시작했는데 이것이 바이킹의 기원이다.

이들은 8~10세기까지 약 300년 동안 배를 타고 나와 강이 연결되는 곳이면 어디든지 쳐들어가 약탈을 자행했는데 유럽의 거의 절반이 이들로부터 피해를 입었다고 한다. 프랑스 내륙의 파리조차도 세느강을 타고 들어온 이들에게 여러 번 공격을 받았다.

영국에는 집단으로 이주해 도시를 건설하고 살았고, 심지어 지중해로 진출해 시칠리 섬을 점령하고 국가를 세우기도 했다. 프랑스 북서부에도 소국을 이루며 살았는데, 프랑스인들은 이들을 북에서 왔다고 하여 노르만족이라고 불렀다. 이들은 11세기에는 아예 영국으로 쳐들어가 잉글랜드를 점령하고 노르만 왕조를 열었다.

유럽 국가들이 이 해적 집단들을 막지 못한 이유는 우선 중세 일본과 마찬가지로 중앙집권적 정부가 없고, 부족 단위로 활동하여 대화할 대표자가 없었기 때문이다. 또 체격이 건장하고 용감하여 무력이 강했으며, 선박 운용 기술이 능하여 지중해까지 휘젓고 다녔다. 바이킹의 'vik'가 바다를 면한 만을 뜻한다고 하니, 바이킹은 '바다의 왕'이라는 뜻이다. 이들은 캐나다 등 북미 대륙과 그린란드도 다녔다. 캐나다 동부 뉴펀들랜드에 있는 바이킹 정착지는 1978년에 세계문화유산으로 지정되었다.

바이킹이 없어진 것은 이들에게 정부가 생겨 대화할 대표자가 나타났고, 발트 해 주변에 무역 공동체를 만들어 겨울에도 물물 교환을 통해 먹고살게 되었으며, 기독교화로 인하여 유럽 다른 기독교 국가들과 동류의식이 발생했기 때문이다. 이들 바이킹이 기독교 국가가 된 것은 다른 땅을 침략해 수도사들을 죽이고 교회를 불태우고 물건을 약탈할 때 일부 젊은 수도사들을 노예로 잡아 왔기 때문이라고 한다. 그들은 글을 읽고 쓸 수

[그림 2] 노르웨이 제2의 도시 베르겐에 있는 베르겐 대학 건물. 저 건물 안에 강의실들이 있다.

있어서 바이킹의 어린아이들 교육을 담당한 결과다.

해적을 막을 때는 무력만으로 안 된다. 그들도 먹고살아야 하므로 죽기 살기로 덤벼들 것이기 때문이다. 해적을 막으려면 무력과 동시에 먹고살 수 있는 방도를 만들어 주어야 한다.

유럽에서 근대까지는 지중해를 접한 나라가 잘살았다. 하지만 지금은 대서양을 접한 나라가 더 잘산다. 그리고 이것은 앞으로도 변치 않을 것이다. 이는 다른 대륙에서도 비슷하여 가장 넓은 태평양을 가진 나라가 가장 유리하며, 바다나 육지만 가진 나라보다는 바다와 육지를 모두 가진 나라가 더 유리하다. 특히 태평양을 지배하는 나라가 세계를 지배한다.

지구 온난화로 북극이 녹으며 북극 항로가 열리고 있다. 지금까지는 싱가포르 앞바다를 통과해야만 유럽으로 갔으나 이제는, 적어도 여름에는, 바로 북극해를 통하여 유럽으로 간다는 뜻이다. 북극해에서 멀지 않으며, 태평양을 접하고, 바다는 물론 육로로도 유라시아 대륙 전체를 갈 수 있는 나라를 찾아보자.

13

스페인 알함브라 성

스페인은 이탈리아, 프랑스와 함께 유럽 3대 관광 국가다. 특히 터키와 함께 이슬람 문명과 기독교 문명의 혼합 지역이다. 인구와 1인당 국민 소득은 우리나라와 비슷하여 유럽 중위권이나, 음식과 기후가 좋고 사람들이 낙천적이어서 그런지 유럽에서 평균 수명이 가장 길다고 한다. 과학보다는 예술의 나라다.

남쪽 안달루시아 주에 그라나다(석류)라는 도시가 있는데, 여기에 알함브라 성이 있다. 붉은 벽돌로 지어 멀리서 보면 붉게 보이므로 붉은 성이라는 뜻으로 알함브라 성이라 불렀다고 한다.

잠시 스페인 역사를 중요한 시점만이라도 돌아보고 가자. 아주 옛날부터 이베리아 반도에 원주민들이 살았고, 켈트인들이 프랑스 쪽에서 들어와 이들을 정복했다고 전해진다. 오늘날 아일랜드와 스코틀랜드가 이들 켈트인들의 땅이다.

그러다 BC 3세기에 남쪽의 북아프리카 카르타고(카르니지)가 말라카 해협을 건너와 점령했는데 여기부터가 역사로 기록된 시대다. 카르타고는 신흥 세력인 로마와 BC 3세기에 전쟁을 하다 지고, 이후 스페인은 로마의 영토가 된다. 이때 로마와 전쟁한 카르타고의 장군이 한니발인데 스페인 주둔군을 이끌고 알프스 산맥을 넘어 북쪽에서부터 로마를 공격했다.

스페인의 지중해변 도시들을 중심으로 로마의 유적이 발굴되는 것으

[그림 1] 그라나다의 알함브라 성. 멀리서 보면 붉게 보인다. 유네스코 세계유산이다.

로 보아 당시에 로마와는 주로 뱃길로 통행했다고 본다. 로마의 유명한 철학자인 세네카[75]가 스페인 남부 안달루시아 주 출신이다. 당시 로마인들은 스페인을 히스파니아, 프랑스를 갈리아, 독일을 게르마니아, 영국을 브리타니아라 불렀다. 이들 중 스페인은 타 지역에 비하여 반란이 없었는데 매년 많은 로마인들이 이주했기 때문이다.

이후 5세기에 게르만족 대이동으로 고트(Goths)족이 들어와 스페인을 점령하고 교황청의 기독교를 받아들였다. 하지만 이때의 기독교 문화는 흔적이 거의 없다. 다시 8세기 초에 아랍인들이 모로코 쪽에서 바다를 건너와 북쪽 일부를 제외하고 모두 점령하여 이슬람 국가가 되었다. 그리고 이슬람 사원인 모스크를 짓기 시작했다. 아랍 세계에서는 스페인을 안달루시아라 불렀다. 또 북아프리카에서 건너와 스페인에 살던 사람들을 무어인이라 불렀다.

특히 13세기에 중요한 모스크들이 건설되었는데 알함브라 성도 그라나

75 네로 황제의 스승이었으나 네로의 손에 죽었다.

다의 언덕에 이때 축조되었다. 또 이때부터 스페인이 여러 개의 이슬람 국가와 가톨릭 국가들로 나뉘기 시작했다. 무려 800년을 이슬람 정권이 통치하다가 15세기에 북쪽의 가톨릭교도들이 세력을 키워 알함브라 성 함락을 마지막으로 이슬람 정권을 북아프리카로 몰아낸다. 콜럼버스에게 배를 준 이사벨 여왕이 당시 가톨릭 연합군 왕들 중 한 명이었다.

15세기에 알함브라 성의 주인이 바뀌어 가톨릭 정부가 다시 궁을 짓고 17세기까지 별궁으로 사용했다. 18세기 이후 버려져 폐허가 되었다가, 20세기에 스페인 정부가 복원 사업에 나서 지금도 복원 중이다. 알함브라 궁전은 내부에 13세기 이슬람식 궁전부터 17세기 근대식 궁전까지 다양한 건축물들이 있는데, 성벽과 폐허를 제외하고는 거의 다 20세기에 복원한 것들이다. 알함브라 궁전이라고 하여 사진에 나오는 대부분이 20세기에 복원한 것들이다.

우리나라 절에 가 보면 안내판에 적힌 공통된 내용 중 하나가 임진왜란 때 불타고 새로 지었다는 것이다. 스페인은 16~17세기에 세워진 거대한 성당들이 많은데 공통점이 이전의 모스크를 헐고 그 위에 새로 지었다는 것이다. 높은 종탑, 둥근 돔형 지붕, 아치형 문으로 상징되는데, 스페인 관광의 주요 루트가 이 성당들을 둘러보는 것이다.

이 성당들을 보며 궁금한 것이 이들이 허문 모스크는 과연 어떻게 생겼을까 하는 것이다. 그러다 마드리드 남쪽의 톨레도라는 도시에 13세기의 모스크를 헐지 않고 개조한 성당이 있다는 것을 알았다.

가 보니 [그림 2]처럼 높은 종탑, 돔형 지붕, 아치형 문 등등, 스페인 전통 성당들의 고유 양식이 거기 다 있었다. 어제까지 모스크 짓던 사람들이, 오늘 모스크를 헐고, 다음 날 성당을 지은 것이다. 결국 가톨릭 정권은 건축업자 좋은 일만 시켰다.

성당을 보고 모스크를 짓고, 모스크를 보고 다시 성당을 짓고 하니 둘

[그림 2] 스페인의 톨레도 성당. 13세기에 지어진 이슬람의 모스크를 15~16세기에 성당으로 개조한 것이다.

이 닮을 수밖에 없다. 성당과 모스크의 가장 기본적인 차이는 내부를 인물화로 장식하였느냐, 아니면 기하학적 문양으로 장식했느냐다. 모스크는 우상 숭배 금지로 인하여 내부에 인물화를 걸 수 없게 되어 기하학적 무늬로 장식하다 보니 이슬람권은 기하학은 발달했으나 회화가 발달하지 못했다.

내부에 회화 작품이 많아 다 보는데 1시간 이상 걸린다. 톨레도 성당의 13세기 원형인 기둥과 벽들은 우리나라로 치면 고려 후기에 축조한 것들인데 감탄이 나오지 않을 수 없다. 우리나라는 많은 전쟁으로 대부분의 오래된 건물들이 파괴되어 사라졌다.

14

[영화평]

유럽 근대의 시작 〈Feith 1453〉

유튜브에서 우연히 〈Feith 1453〉이라는 영화를 보았다. 터키의 Medyapim 사가 2012년에 제작한 작품으로, 한글이나 영어로 되어 있지 않았지만 역사적인 배경을 대충은 알고 있었기 때문에 내용을 미루어 짐작할 수 있었다.

튀르크는 15~17세기 동안 과거의 동로마 제국을 대신하여 아시아-유럽-아프리카에 걸친 중동 지방에서 최강대국으로 성장했다. 영화는 그 계기가 되는 1453년 4~5월에 벌어진 콘스탄티노플 함락에 관한 것이다. 2시간 30분의 상영시간이 크게 지루하지 않았다. 전쟁 장면은 후반부 절반이다.

튀르크의 역사를 살펴보기에 앞서 먼저 유럽의 역사를 대강 훑어보자. 북동유럽에 거주하던 게르만족의 대이동은 3~4세기 아시아의 한랭화로 새로운 목초지를 찾아 이동한 훈족의 공격으로 시작되었다. 5세기에 서로마 제국이 게르만족들에게 멸망하면서 유럽의 고대는 끝나고 중세가 시작되었으며, 15세기에 동로마 제국(비잔티움)이 튀르크에 멸망하면서 천 년 중세가 끝나고 근대가 시작된다는 것이 유럽사의 시대 구분이다.

12세기 이전의 이슬람권은 북아프리카와 아라비아 반도의 아랍 세력이 주도했다. 그러다가 13세기 이후에 주도권이 서아시아의 튀르크로 넘어간다. 이슬람 세계가 몽골 초원에서 건너온 유목 민족들을 통하여 부활한 것이다. 튀르크는 몽골 초원에서 온 돌궐족, 흉노족들을 비롯한 여러 유목 민족들이 모여 만든 나라다. 그들은 중앙아시아 초원을 지나 서아시아에 몰려와 살다가 동로마 제국의 지배를 받는다. 그러다 12세기에 십자군 전쟁이 일어나면서 동로마 제국과 아랍권이 모두 약해진다.

십자군은 중동 지방의 아랍권만 공격한 것이 아니다. 십자군이 지나가는 모든 곳이 약탈을 당했는데 특히 가진 것이 많았던 동로마 제국의 수도인 콘스탄티노플이 십자군들에게 집중적으로 약탈당했고, 이것이 가톨릭과 동방 정교회가 분리되는 중요한 원인이 되었다. 우리나라 역사도 비슷하여 구원군을 자처하고 우리나라에 들어온 외국 군대들도 다 마찬가지였다.

튀르크의 흥기는 13세기 몽골의 서아시아와 동유럽 침공으로 기존 질서가 혼란에 빠진 데서 비롯되었다.[76] 칭기즈칸의 원나라 군대는 중동의 이슬람권이나 유럽의 기독교권에 비하여 압도적인 무력을 보유하고 있어서 전쟁이 아니고 거의 학살 수준이었다. 헝가리와 폴란드에서 벌어진 동유럽과의 전쟁은 승마 기술과 활 기술에서 차이가 많이 나 유럽 기사단이 원나라 군대를 대적할 수 없었다. 특히 헝가리는 유럽에서 가장 강력한 10만 기사단을 보유하고 있었는데, 원나라 5만 군대를 맞이하여, 그냥 성이나 지키고 있어도 어려운 전쟁을, 후퇴하는 원나라 군대를 추격하여 초원으로 나갔다가 전멸당했다. 원나라 군대는 폴란드에서 유럽 연합군을 격파하고 다음은 독일을 치려 했는데 칭기즈칸의 갑작스런 사망으로 철수해 버려 다행히 독일은 살아남았다.

튀르크는 14세기에 소아시아 반도에서 오토만(오스만)이라는 부족장

76 몽골은 순식간에 쳐들어와 인종적 특성이 분명했으나, 훈족은 한무제 이후 서쪽으로 서서히 이동하며 중간의 여러 유목 민족들을 흡수하며 나타났기 때문에 인종을 특정할 수 없는 유목 문화적 공동체였다. 훈족이 아틸라 사후 안정된 국가를 만들지 못하고 급속히 해체된 것도 그 때문이었다고 본다.

에 의해 건국된다. 이후 15세기에 발칸 반도로 세력을 확장하는데 그 입구가 콘스탄티노플이었다. 흑해에서 지중해로 들어가는 관문에 위치한 콘스탄티노플은 당시 중계무역과 통행료를 받아 경제적으로 번성할 수 있는 위치어서 여러 세력들이 탐을 내었다. 고대에는 소아시아 반도 쪽에 위치한 트로이가 그 역할을 했다면 중세에는 유럽 쪽에 위치한 콘스탄티노플이 그 역할을 했다.

당시 청년 술탄(왕)이었던 메흐메트 2세는 10만 병력으로 콘스탄티노플을 포위했다. 콘스탄티노플에는 5만의 시민이 있었는데 그중에 약 1만 명이 군인이었다고 한다. 그리고 군인들의 주축은 용병들이었다. 예나 지금이나 전쟁은 많은 돈을 벌 수 있는 아주 큰 사업이라 전쟁이 발발하면 여러 나라에서 용병들이 몰려들었다.

병사의 숫자가 부족했던 콘스탄티노플 쪽은 주로 병사들을 샀고, 수가 많은 튀르크 쪽은 주로 기술자들을 샀다고 한다. 튀르크 쪽에서는 참전한 용병들 중 대형 대포를 만드는 기술자가 전쟁에서 큰 역할을 했고, 콘스탄

[그림 1] 이스탄불의 콘스탄티노플 성벽 유적. 삼면이 바다로 막혀 있는 천연의 요새였고 육지 쪽인 서쪽은 남북으로 긴 3중 성벽을 쌓았다. 성벽과 바다로 둘러싸인 부분이 동로마 제국 콘스탄티노플 시내였다.

티노플 쪽은 전투를 용병 대장이 지휘했다고 한다. 콘스탄티노플은 용병 대장이 전사하자 전세가 기울었다고 한다. 이 영화에서도 양측의 용병 대장이 주연급이다. 지금도 전쟁이란 돈과 기술의 싸움이다.

콘스탄티노플은 숫자의 일방적인 열세에도 불구하고 [그림 1]의 성벽을 사이에 두고 무려 두 달을 버텼는데, 치열하게 방어한 이유도 있었지만, 콘스탄티노플을 점령하여 수도로 사용하고자 했던 튀르크가 콘스탄티노플의 지나친 파괴를 원치 않았기 때문이라고 한다. 그 결과 소피아 성당 등 인류의 위대한 역사적 유산들이 살아남았다.

[그림 2] 콘스탄티노플 궁궐이었던 토프카피 궁 정문.

[그림 3] 토프카피 궁 내부. 대부분 이슬람식으로 개조되었다.

유럽의 어느 기독교 국가로부터도 지원군이 오지 않는 상황 속에서 동로마 제국의 마지막 황제 콘스탄티누스는 전사했다고 한다. 콘스탄티노플의 시작이 황제 콘스탄티누스에 의해서였고 멸망도 우연히 그 이름이 같은 콘스탄티누스 황제 때였다.

영화는 컴퓨터 그래픽을 적절히 사용하여 전쟁 장면을 화려하게 그렸다. 등장인물들도 많다. 전쟁 후 콘스탄티노플은 이슬람의 번영이라는 뜻의 이스탄불로 개칭하여 오늘에 이르고 있다. 콘스탄티노플 성은 이후 토프카피 궁으로 불리며 17세기에 북쪽의 돌마바흐체 궁으로 이전할 때까지 왕궁으로 사용되었다.

콘스탄티노플을 점령하여 발칸 반도로 세력을 확대한 튀르크는 이후 계속 북상하여 헝가리를 넘어 오스트리아에까지 이르렀는데 16세기에 빈 전투에서 패배하고 후퇴하게 된다. 튀르크는 500년 동안 이스탄불을 수도로 사용하다가, 1차 세계대전에서 지고 세력이 약화된 20세기에 소아시아 반도의 중앙에 위치한 앙카라로 수도를 옮겼다. 또한 언어 구조가 한국어처럼 북아시아어로 아랍어와 달라 잘 맞지 않던 아랍 문자를 버리고 알파벳을 도입한 결과 문맹이 크게 줄었다.

15

이스탄불

이스탄불 구시가지에는 많은 역사적 유적들이 있는데 그중에 특히 눈에 띄는 것이 [그림 1]의 소피아 성당과 [그림 2]의 블루 모스크다. 소피아 성당은 본래 동로마 제국 왕실 성당이었는데 콘스탄티노플 함락 후 모스크로 개조되었다가 지금은 박물관으로 사용한다. 그 맞은편에 1,000년 후에 세워진 이스탄불 최대의 '블루 모스크'가 있다. 블루 모스크는 내부로 들어가 보면 소피아 성당과 닮아 성당을 모형으로 모스크를 지었다는 것을 알 수 있다.

모스크를 '자미'라고도 하는데 '예배드리는 곳'이라는 뜻이다. 돔형 지붕과 아치형 문은 유목 민족의 둥근 천막을, 높은 첨탑은 그 옆에 꽂는 깃발을 모형으로 한 것이다. 깃발은 천막의 문패와 같은 것으로서 높이가 높을수록, 개수가 많을수록 천막 주인의 신분이 높다.

튀르크가 동지중해만 장악하고 서지중해를 장악하지 못한 것은 16세기에 [그림 3]의 지중해 중앙인 이탈리아 남쪽의 몰타(Malta)섬 전투에서 패배했기 때문이다. 튀르크가 이탈리아 반도로 쳐들어가려면 해로로 가야 하는데 이탈리아 반도 남쪽의 몰타를 거쳐야 한다. 만일 몰타를 점령했다면 교황청이 있는 이탈리아가 이슬람 국가가 되었을지도 모른다.

서양에서는 몰타 전투를 기점으로, 동양에서는 임진왜란을 기점으로 군사력의 중심이 육군에서 해군으로 옮겨갔다. 이후 군사력은 20세기에는

[그림 1] 이스탄불 구시가지에 있는 소피아 박물관. 중세에 동로마 제국 왕실 성당이었다가, 근대에 모스크로 개조되었고, 지금은 박물관으로 쓰인다.

[그림 2] 소피아 박물관 맞은편에 있는 블루 모스크(술탄 아흐메트 1세의 자미).

[그림 3] 지중해를 동서로 나누는 몰타 공화국(아래쪽 중앙 원으로 표시한 부분에 위치). 인구 50만 명의 작은 섬나라다. 기독교 국가이나 아랍어를 사용한다.

[그림 4] 이스탄불 보스포루스 해협의 유럽 해안에 위치한 모스크. 뒤로 아시아와 연결되는 현수교가 보인다.

핵무기로, 21세기에는 우주 능력으로 옮겨갔다.

술탄이 되면 주변에서, 몇 대 술탄은 무슨 업적을 이루었고, 또 몇 대 술탄은 무슨 업적을 이루었고 …… 하는 식의 평가를 했다고 한다. 따라서 역대 술탄들의 가장 큰 적은 선대 술탄들의 위대한 업적들이었다. 매일 '몇 대 술탄은 무슨 업적을 이루었고 ……'라는 소리를 들어야 했던 술탄들은 얼마나 힘들었을까? 아마 아무 업적도 없는 할아버지 술탄들이 가장 반가웠을 것이다.

터키가 EU 가입을 추진 중인데 특히 동유럽 쪽에서 반대가 심하다. 이 배경에는 EU는 기독교 국가들로만 이루어진 단체로 근대에 발칸 반도를 지배하던 이슬람 국가인 터키에 대한 두려움이 깔려 있다고 본다. 근대 터키의 역사는 정복 전쟁의 역사다. 이슬람의 주도권은 근대에 아랍 세계에서 튀르크 세계로 이동했고, 지금은 아시아로 이동했다. 인도네시아가 세계에서 가장 큰 이슬람 국가다.

흔히 터키를 한국의 형제국이라고 하는데 그 이유는, 이상하게 들릴지 모르나, 혈통적 원인 때문이다. 삼국 시대와 고려 시대에 우리나라에도 수많은 북방 유목 민족들이 들어왔다. 그들 중에 일부는 삼국 시대에 한반도에 들어와 국가를 건설하기도 했다.

16

다 빈치의 발명 노트

영국이 자랑하는 과학자가 아이작 뉴턴이라면 이탈리아는 레오나르도 다 빈치다. 17세기 뉴턴이 근대 과학의 완성자라면 15세기 다 빈치는 근대 과학의 창시자다. 미켈란젤로도 있지만 이탈리아의 가장 큰 자랑이 다 빈치여서 이탈리아 로마 공항의 이름이 레오나르도 다 빈치 국제공항이다. 이탈리아가 낳은 과학자이자, 화가이자…… 대천재가 다 빈치다.

이탈리아 르네상스의 발상지인 [그림 1]의 피렌체(플로렌스)에 가 보니

[그림 1] 미켈란젤로 언덕에서 본 피렌체. 가운데 큰 건물이 15세기에 녹색 대리석으로 지은 두오모 대성당이다. 어마어마한 녹색 대리석 비용을 어떻게 마련했을까?

[그림 2] 다 빈치의 발명노트에 나오는 비행기 모형.

다 빈치 박물관이 있었다. 박물관에서 다 빈치의 발명노트를 처음 보았다. 또 다 빈치가 남긴 메모를 따라 만든 작은 모형들도 볼 수 있었다. 증기선부터 [그림 2]의 비행기까지 20세기 근대 기계공학이 거기에 다 있었다. 200년 후에 뉴턴이 만든 역학의 원리가 이미 다 구현되어 있었다. 입이 쩍 벌어져 말이 안 나왔다.

다 빈치와 뉴턴의 업적을 보여 주고 누가 먼저냐고 묻는다면, 당연히 뉴턴의 역학 법칙이 먼저 나오고 다 빈치의 기계는 이를 응용한 것이라고 답할 것이다. 과학사를 연구하는 학자들은 천재이던 다 빈치는 이미 20세기 기계공학의 모든 역학적 원리를 이해했는데 단지 동력원을 개발하지 못하여 이를 실행하지 못했을 뿐이라고 해석했다.

단 한 번의 수정도 없이 노트에 쓱쓱 그려 낸 놀라운 솜씨……. 이 중에 단 한 개만 했어도 대천재 소리를 듣기에 충분하다는 생각이 들었다. 제대로 된 과학 교육을 받은 적도 없는 화가가 어떻게 그런 그림들을 그려 낼 수 있었을까?

이런 다 빈치의 발명노트에 대하여 최근에 여러 가지 다른 이야기들이 나오고 있다. 15세기에 이탈리아에 명나라 정화 함대의 사신들이 도착했고, 다 빈치는 그들이 가져온 중국의 백과사전을 베낀 것뿐이라는 것

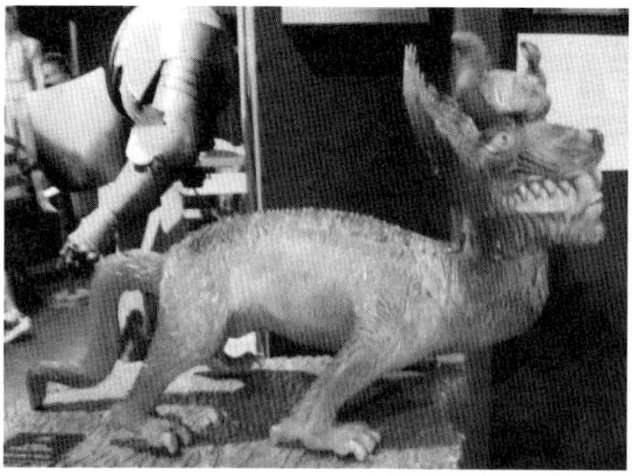

[그림 3] 다 빈치 발명노트에 나오는 중국 전설 속의 개 모형. 다 빈치는 명나라에 다녀온 적이 없다.

이다[그림 3]. 영국의 역사학자인 멘지스는 이런 주장을 뒷받침하기 위해 1313년 원나라 왕정(王幀)이 쓴 〈농서(農書)〉와 1430년대 초기 중국 서적에 실린 공성병기(攻城兵器), 물레방아, 양수기 등의 도면을 함께 제시했다(Gavin Menzies, 1434년, 〈웅장한 중국 함대 이탈리아로 항해해 르네상스를 촉발하다〉).

다 빈치는 발명과는 전혀 관련이 없고 단지 과학에 관심이 많았던 화가라는 것이 요지인데, 다 빈치의 천재성은 참고문헌의 원리가 생겨나기 전의 사건을 오늘의 시각으로 보다가 발생한 해프닝이었을 뿐이라는 것이다. 과학사를 연구하는 분야에서 어떻게 결론을 낼지 좀 더 기다려 봐야 하겠으나 하늘의 별 하나가 빛을 잃는 느낌이다.

13세기 원나라 때의 세계 지도가 일본에서 발견되었는데 이미 구대륙 전체가 나와 있었다. 논란 중이나 더한 것도 있다. 다음은 2006년 1월에 나온 인터넷 기사를 요약한 것이다.

"영국의 시사 주간지 〈이코노미스트〉는 1492년의 콜럼버스보다 훨씬 앞선 1418년 이전에 이미 중국인이 미주 대륙에 다녀갔음을 보여 주는 고지도가 16일 베이징과 17일 런던에서 공개된다고 보도했다. 이 지도는 1763년에 제작됐지만 1418년 명나라 영락제 때 제작된 지도의 복사본이라고 뒷면에 기록되어 있다. 중국의 한 법률가가 2001년 상하이의 고서점가에서 500달러를 주고 구입한 것으로, 미주 대륙 전체는 물론 아프리카와 호주까지 그려져 있다."

17

[영화평]

임진왜란 〈명량〉

로마 시대 해전이 나오는 영화를 보면, 처음에는 원거리에서 화살을 쏘다가 거리가 가까워지면 서로 배에 올라타 전투를 한다. 육상 방식의 전투를 바다에서 하는 것뿐이다. 반면에 오늘날의 해전은 거리가 가까워져도 함포로 승패를 가르지 적선에 올라타 전투를 벌이는 일은 없다.

언제 해전의 양상이 배끼리 부딪혀 서로 올라타고 싸우는 형태가 아니라 함포로 승부를 결정짓는 양상으로 변했을까? 사실 오늘날 해전에서는 함포를 쏠 일도 없다. 레이더를 보고 미사일을 날리면 되지, 눈으로 적선을 보지 않는다. 오늘날 본다는 것은 레이더로 본다는 뜻이다.

해전의 양상이 바뀐 것은 대포의 출현 이후다. 육지의 대포를 배에 싣고 설치하면서 양상이 점차 바뀐 것이다. 14세기 고려 말 최무선이 함포를 사용해 왜적을 격파했을 때 해전은 이미 함포전으로 변했다고 생각한다. 주 전술이 백병전이 아닌 함포전에서 승부가 갈리는 방식이다. 그 이유는 거북선이란 함포전으로 전환한 군대가 그렇지 못한 군대를 상대할 때 쓰는 과도기적 선박 체계인데 고려 말~조선 초에 나타났기 때문이다. 못을 박은 철갑선의 등장 자체가 이제 배에 올라타는 전투는 더 이상 않겠다는 뜻이다.

반면에 일본은 임진왜란이 벌어지던 16세기 말까지도 배에 올라타 전투하는 중세 해전 양식에서 탈피하지 못했다. 함포전으로의 전환이 우리

[그림] 영화 〈명량〉의 포스터.

나라가 일본보다 100년 이상 빨랐다. 임진왜란 때 조선 수군이 일본 수군보다 우세했던 가장 큰 이유는 이렇게 해전 기술이 앞섰기 때문이다.

이순신과 동시대에 유럽의 바다를 제패했던 스페인의 무적함대(La Armada Invencible)도 적선을 들이받는 방식이었다. 서양사에서 조선 수군처럼 함포로 해전을 주도하는 방식은 17~18세기에 들어서야 가능했다.

그런데 〈명량〉이라는 영화를 보니 이런 세계 해전사의 양상을 바꾼 역사적인 변혁기를 가져온 이순신 장군을 타임머신을 태워 100년 전으로 보내고 있었다. 백병전도 있기는 하겠지만 주 전술은 함포전이어야 한다. 영화감독이 이순신 장군을 폄하하고자 이런 영화를 만든 것은 아닐 것이다. 하지만 역사에 대한 정보 부족이 본래 의도와는 다르게 세계 해전사에서 이순신 장군의 가장 뛰어난 업적을 지워 버린 듯하여 안타깝다.

18

엔진의 열효율

인류의 역사를 힘의 사용방법으로 본다면, 인간의 힘을 사용하는 단계, 동물의 힘을 사용하는 단계, 기계의 힘을 사용하는 단계로 나누는데, 동물의 힘을 사용하는 단계까지는 동양이 서양을 앞섰는데 기계의 힘을 사용하는 단계에서는 서양이 동양을 앞서게 되었다.

기계를 사용하는 방법을 다른 사람에게 전하려면 누구나 알 수 있는 공통의 언어가 필요하다. 기도를 몇 번 하면 기계가 움직인다든가 하는 표현은 쓸 수 없다. 누가 하더라도 같은 결과가 나와야 하기 때문이다. 오로지 건전한 상식에 기반을 둔 합리성만으로 전달해야 이해가 된다. 이것이 과학이다.

여기 열 엔진 3대가 작동 중인데 어느 엔진이 가장 효율이 높을까? 엔진의 내부 온도를 재 보니 다음과 같았다.

① 100 ℃로 일정하여 온도 변화가 없음.
② 작은 온도 변화가 있어서 90 ℃에서 110 ℃ 사이를 움직임.
③ 온도 변화가 상당해 70 ℃에서 130 ℃ 사이를 움직임.

엔진이란 에너지를 순환시키는 장치다. 에너지는 온도에 비례한다.[77]

---

77 비례 상수를 볼츠만 상수라 하는데 절대 온도에 곱하면 에너지가 된다.

온도가 2배면 에너지도 2배가 된다. 에너지를 순환시킨다는 것은 온도를 변화시킨다는 뜻이다. 온도 변화가 전혀 없다는 말은 순환이 안 된다는 뜻이니 죽은 엔진이다. 효율은 0이다. 온도 변화가 크다는 말은 순환이 잘되니 효율이 높다는 말이다. 따라서 열효율은 ③ → ② → ① 순이다.

과학에서 온도란 절대 온도를 뜻한다. 섭씨를 사용하는 나라도 있고 화씨를 사용하는 나라도 있어서 절대 온도, 즉 켈빈 온도로 통일한 것이다. 모든 열역학 법칙의 온도는 절대 온도다.

영하 약 273 ℃가 도달이 가능한 최저 온도다. 섭씨에 273을 더하면 절대 온도가 된다. 따라서 절대 온도는 음수가 될 수 없다.[78] 온도만 가지고 열효율이 얼마인지는 알 수 없다. 하지만 효율의 상한선을 알 수는 있다. 효율의 상한선이 높다고 반드시 효율이 높다는 보장은 없지만 일반적으로 상한선이 높으면 실제 효율도 높다. 최대 효율은 다음처럼 간단히 구할 수 있다. (최대 효율) = 1−(최저 온도)/(최고 온도).

①은 최고 온도와 최저 온도가 같으니 최대 효율이 0이다.

②는 $1-(90+273)/(110+273) = 1-363/383 = 0.05(5\,\%)$

③은 $1-(70+273)/(130+273) = 1-343/403 = 0.15(15\,\%)$

이 최대 효율을 카르노 효율이라고도 한다. 열효율이 100 %가 되려면 최저 온도가 절대 온도 0도가 되어야 하니 이는 불가능하다. 우리가 사용하는 자동차나 비행기를 비롯하여 대부분의 열기관은 효율이 20~30 % 정도다. 가장 효율이 높은 것은 인간의 세포 속에서 미토콘드리아가 산소로 영양분을 태워 열을 내는 것인데 약 40 %다.

---

78 열역학은 통계역학의 한 분야다. 통계역학에서는 정의하는 방법에 따라서 절대 온도도 음수가 될 수 있다.

19

해안선의 길이

"우리나라 해안선의 정확한 길이가 1만 4,963 km인 것으로 처음 밝혀졌다. 8일 해양 수산부에 따르면 국립 해양 조사원이 2001년부터 시작한 우리 관할 해역 내 육지와 모든 도서를 포함하는 제1차 전국 해안선 조사를 지난해 완료 · 분석한 결과, 우리나라의 해안선 길이는 지구 둘레(4만 192 km)의 약 37 %에 해당하는 1만 4,963 km라고 발표했다."

과거 100여 년 전 유럽에서 다음과 같은 일이 발생했다. 주기적으로, 예를 들어 10년마다 해안선의 길이를 쟀는데, 잴 때마다 길이가 늘어난다는 것이었다. 여러 번 재면 오차라는 것이 있으므로 때로는 줄고 때로는 늘어나는 것이 상식이 아닌가? 그런데 해안선의 길이가 절대로 줄어드는 일은 없고 늘기만 했다. 정말로 해안선이 시간이 지나면 길어지는 것일까? 결국 이 문제를 수학자들에게 가지고 갔다. 무엇이 잘못이었을까?

결과적으로 잘못은 없고 기술의 발전이 있었을 뿐이었다. 처음에는 눈금이 10 km인 자로 잰다. 그러면 자의 길이보다 작은 해안선의 들어가고 나온 요철은 잴 수 없으니 다 무시된다. 다음에는 측정 기술이 발전하여 눈금이 5 km인 자로 잰다. 과거에 재지 못했던 10 km 이하의 요철을 잴 수 있으니 길이가 늘어나는 것은 당연하다. 다음에는 1 km 자로 잰다. 또 늘어난다. 다음에는 100 m 자로 잰다. 또 늘어난다.

이런 식으로 나중에 모래 한 알씩 다 재면 어떻게 될까? 아예 분자들 하나하나의 둘레까지 다 잰다면 해안선의 길이는 계속 늘어나, 최종적으로 모든 해안선의 길이는 무한대라는 황당한 결론에 다다르게 될 것이다.

이런 황당한 결과를 수학적으로 설명하게 되었고 폴란드 출신의 만델브롯(Benoit B. Mandelbrot, 1924~2010)이라는 수학자가 1970년대에 '프랙탈(fractal)'이라 이름 붙였다. 결국 국제적인 최소 길이를 제한하는 협약이 맺어지고 그 이하 길이는 재지 않기로 했다. 지금의 해안선 길이란 그 제한된 해안선 길이인 것이다. 앞에 정부에서 발표한 해안선 길이를 보니 킬로미터까지 나온 것으로 보아 현재는 최소 단위를 1 km로 한 것 같다. 하지만 만일 최소 길이를 1/10로 줄이면 해안선의 길이는 당장 엄청나게 늘어날 것이다.

자, 여기서 잠깐 쉬었다 가자. 고등학교 수학 책을 보면 아무리 복잡한 선이라도 일부를 확대하고, 확대하고…… 또 확대해 가면 결국은 직선에 이른다는데, 이를 접선이라 한다. 또한 아무리 복잡한 면이라도 일부를 확대하고, 확대하고…… 또 확대해 가면 결국은 평면에 이른다는데, 이를 접면이라 한다. 이것이 미분이고 이 과정의 역이 적분이다.

정말 그럴까? 한번 해 보자. 현미경으로 실제 선분을 100배, 1,000배, 1만 배 확대하고, 또 확대하고……, 아무리 확대해도 굴곡이 계속되지 직선이 안 나온다. 마찬가지로 평면을 100배, 1,000배, 1만 배 확대하고, 확대하고…… 아무리 확대해 보아도 산과 계곡이 계속되지 평면은 안 나온다.

쉽게 예를 들자. 여기 컴퓨터 앞에 마우스가 있다. 이 마우스 면을 현미경으로 1만 배로 확대해 보면 반듯하고 완전한 평면이 나올까? 절대로 안 나온다. 오히려 산과 골이 더 거칠게 나타날 뿐이다. 마우스 면을 무한히 확대해 분자와 원자까지 본다고 해도 평면은 절대 나오지 않는다. 수학 시간에 배우는 접선과 접면이란 가상의 개념이지 자연에는 존재하지 않는 것

[그림] 서핀스키 개스킷.

이다.

그러면 미분과 적분은 다 엉터리일까? 아니다. 미적분학은 개념인 것이다. 자연 모습에는 실제로는 존재하지 않지만 이를 설명하기 위한 모델링에는 존재하는 것이다. 미적분학은 그런 개념이다. 반면에 프랙탈은 미적분학과 다르게 아무리 확대해도 접선이나 접면은 나오지 않는다는 현실에 기반을 두고 있다. 뉴턴의 미적분학으로는 설명되지 않는 현상이 인간의 눈에 보이기 시작한 것이다.

삼각형의 가운데를 역삼각형으로 계속 잘라내어 극한에 이르면 [그림]처럼 면적은 0이고 길이는 무한대인 그물망만 남게 되는데 이를 서핀스키 개스킷(Sierpinski gasket)이라고 한다. 최종적인 모형은 선만 남게 되므로 위상차원(topological dimension)은 1이나 길이가 무한대이므로 프랙탈 차원은 1보다 크다. 하우스도프(Hausdorff) 정의를 따르면 차원이 log(3)/log(2) = 1.585다. 프랙탈 차원은 정의 방식에 따라 여러 가지다. 서핀스키 개스킷은 3차원 입체에서 잘라 내는 것을 포함하여 사각형 등 다른 모양들도 다 가능하다.

이 세상에 완전한 1차원이란 존재하지 않는다. 완전한 2차원도 존재하지 않는다. 지구가 3차원인 것 같지만 우주의 끝에서 측정해 보면 0차원이다. 자연계의 차원은 정수가 아니라 실수인 것이다. 프랙탈의 관점에서는 자연계에 0차원, 1차원, 2차원…… 같은 정수 차원이란 존재하지 않는다. 프랙탈은 미적분학을 대체하는 것이 아니라 미적분이 다루지 못하는 복잡한 현실을 좀 더 있는 그대로 보는 도구다. 필자는 프랙탈의 개념이 고등학교로 내려가도 충분하다고 생각한다.

20

양자역학을 어디에 사용할까?

19세기 이전에는 분자 크기 이하의 극미 세계를 접할 일이 별로 없었다. 그런데 실험 기술이 점차 발달하자 극미 세계를 접하게 되었고 기존의 뉴턴역학을 비롯한 과학 지식으로는 설명이 안 된다는 것을 알게 되었다.

그래서 20세기 초에 극미 세계를 설명하기 위하여 새로운 역학이 등장했는데 이것이 양자역학(量子力學, quantum mechanics)이다. 여기서 양자란 '량자,' 즉 '덩어리'를 뜻한다. 순수한 우리말로는 아직 번역되지 않았다.

중간 분자 크기 이하의 극미 세계로 가면, 에너지나 운동량, 속력 같은 물리적인 양이 아주 작은 기본 값의 정수 배만 갖게 된다. 즉 불연속적으로 변하기 때문에 아무 값이나 갖지 않는다는 뜻이다. 예를 들면, n이 자연수일 때 어떤 물리량이 다음에 비례한다는 뜻이다. n^2, n, $\sqrt{n}$, $1/\sqrt{n}$, $1/n$, $1/n^2$. 이 자연수 n은 또 두 자연수의 곱이 될 수 있다. 이 자연수, 넓게 말하면 정수를 양자수(quantum number)라 하는데 고등학교 과정에서 배우는 뉴턴역학은 양자수가 아주 큰 경우에 해당한다.

양자역학은 뉴턴역학이 보지 못했던 세밀한 부분을 들여다보는 도구인 것이다. 예를 들면, 전자의 운동은 주 양자수, 궤도 양자수, 자기 양자수, 스핀 양자수의 4개의 숫자로 특정된다. 4개의 숫자만 알면 전자가 어느 상태에 있는지를 아는 것이다. $H\Psi = E\Psi$. 이것은 양자역학에서 에너지를 구하는 기본 식이다. $\Psi(\vec{r}, t)$는 공간과 시간의 상태함수다.

조선공학과나 토목공학과에서는 분자를 다루지 않는다. 생물학과에서는 고분자 이상만 다루기 때문에 역시 필요하지 않다. 단, 빛은 광자라는 알갱이로 취급하기 때문에 생물학과라도 빛을 다루려면 알아야 한다. 분자 이하 원자나 핵이나 전자를 다루는 물리학과, 화학과, 원자핵공학과, 재료공학과, 금속공학과, 전자공학과에서는 반드시 알아야 한다. 양자역학을 아느냐 모르느냐가 공부할 수 있는 대상의 한계를 결정한다. 특히 전자공학 전공자가 배우면 아주 유리하다.

일반적으로 우리나라의 전자공학과에서는 전자를 공부하는 것이 아니고 전자가 움직여 만들어 내는 전류의 현상을 공부한다. 따라서 전자공학과에서는 대부분 전자를 모른다. 전기공학과나 전자공학과나, 다루는 전압이 크냐 작냐의 차이일 뿐 둘 다 전류공학과다. 하지만 전자공학과에서 양자역학을 배우면 공부할 수 있는 대상이 굉장히 넓어진다. 무엇보다 고체 내부의 원자를 다룰 수 있다.

21

[영화평]

베트남 전쟁 〈알 포인트〉

오늘 밤 우연히 EBS에서 월남전을 배경으로 한 공포 영화인 〈알 포인트〉를 보았다. 행방불명된 부대를 찾아 떠난 소대원들이 한 명 빼고 모두 죽은 채 발견되는 상황을 가정하고 만든 공포 영화인데 유일하게 살아남은 눈을 다쳐 앞을 못 보는 병사의 말을 듣는 방식으로 진행한다. 감우성 주연인데 연기도 뛰어나다. 감독은 공수창이다.

2004년 작품인데 배경은 월남전 말기인 1972년이다. 알 포인트(R-

[그림] 영화 〈알 포인트(R-POINT)〉 포스터. 감독: 공수창, 출연: 감우성, 손병호, 오태경, 박원상.

POINT)는 사건이 벌어진 지점의 이름이다. 귀신 영화이나 귀신은 자신의 가슴속에 있는 것이다. 귀신이 무서운 것이 아니고 귀신이 보이는 자기 자신이 무서운 것이다. 영화에서는 언급하지 않으나 전쟁이라는 상황 속에서 죄 없는 사람들을 죽여야 했던 죄의식이 공포로 나타난 것은 아닌지 …… [그림]의 영화 포스터가 그런 심리를 표현하고 있다.

구조대가 왔을 때 아무것도 없이 깨끗한데 영화는 결말을 다 설명하지 않고 독자의 상상에 맡긴다. 누구의 원작인지는 모르나 웃기는 미국의 공포 영화들에 비해 훨씬 잘 만든 수작이라고 평하고 싶다.

작가가 결말에서 하고 싶어 하는 이야기는 다음과 같다. 작전 나간 소대원들을 찾아 알 포인트로 가 보니 건물 안에서 눈에 부상을 입은 병사 한 명만 발견되고 나머지는 없어서 어찌된 일이냐고 물어보니, 그 병사가 이런저런 말도 안 되는 귀신 이야기를 해서 그것으로 영화를 만들었다는 뜻이다. 즉 마지막 장면을 제외하고는 모두 허구인 가짜라는 뜻으로 허망한 반전이다. (2014.08.04.)

22

비행기 추락 사고에서 살아남는 법

비행기는 사고가 잘 나지 않지만 일단 나면 대부분이 전원 사망이다. 그래서 비행기 여행 공포증을 가진 사람도 있다. 비행기 연구에 관한 학회에 가 보면 두 가지가 가장 초점이다. '어떻게 더 안전하게 만들 것인가?'와 '어떻게 더 경제적으로 만들 것인가?'다. 물론 안전이 더 중요하다. 그리고 사고가 안 나게 하는 데 주력해야지 일단 추락 사고가 나면 대책이 별로 없다.

비행기 추락 사고로 전원이 사망하면 법률적으로는 동시 사망이다. 하지만 모든 승객이 0.01초까지 맞춰 동시에 사망하는 것은 아니다. 여기서 이야기하는 것은 마지막으로 사망할 가능성을 조금이라도 높이는 방법이다.

추락하는 비행기는 절대로 후진하지 않는다. 비행기는 추락 시 앞에서부터 충돌하며 뒤로 가면서 단계적으로 부서진다. [그림]의 검정 동그라미 부분은 앞은 동체가 완충 작용을 하고 옆과 뒤는 두 개의 수평 꼬리 날개와 한 개의 수직 꼬리 날개가 완충 작용을 한다. 아래쪽은 항상 떠 있어 공기가 완충 작용을 하는 것이나 마찬가지다. 따라서 수직 꼬리 날개 바로 아랫부분이 충돌 시 마지막으로 부서진다. 그 부분은 비행기의 맨 뒤 끝에 있는 화장실 부분과 대개 일치한다. 또한 저 부분이 가장 가벼워 지면과 충돌했을 때 충격을 가장 적게 받는다.

비행기가 추락하는 것을 알게 되면 그 순간 안전벨트를 풀고 맨 뒤 화

[그림] 검정 동그라미 쪽이 추락 시 가장 마지막에 부서진다.

장실로 달려가 문을 잠근다. 그리고 양손을 목 뒤로 깍지를 껴 목과 머리를 감싼 후, 몸을 공처럼 둥글게 말아 태아 자세로 바닥에 딱 붙는다. 그러면 승객 중 마지막으로 죽거나, 아니면 유일하게 살아남는 사람이 될 것이다.

다시 생각해 보니 이 지식이 쓸모 있어서는 안 되겠다. 전혀 쓸모없는 지식이 되어야 할 것이다.(2015.04.11.)

이제 다른 방법을 생각해 보자. 한 명만 구하는 방법이 아니라 승객 전체를 구하는 방법이다. 비행기 뒤에 거대한 낙하산을 2~3개 장착한다. 그래서 비행기가 통제력을 잃고 추락하면 지면과의 거리가 어느 정도에 이르렀을 때 자동적으로 낙하산이 펼쳐지게 하여 비행기 속력을 자동차 속력 정도로 줄어들게 한다. 예를 들면 시속 800 km를 1/10 수준인 시속 80 km로 줄인다.

그러다 지면과의 거리가 위험 수준에 이르면 자동차 내부에서 에어백이 터지듯, 비행기 외부 조종석 밖에서 여러 개의 대형 에어백이 터져 비행기 동체가 지면과 직접 충돌하는 것을 막는다. 승객이 탄 비행기 동체만 보호하고 날개 등은 버린다.

지금 설명한 방법에는 해결해야 하는 두 가지 큰 문제가 또 있다. 하나는 비행기 동체는 자동차와 다르게 길기 때문에 에어백이 터진 후 회전하지 않도록 해야 하는 것이고, 다른 하나는 비행기의 연료통이 충돌 직후 터져 화재가 발생하지 않도록 해야 하는 것이다. 이것만 되면 마치 자동차 충돌 시 에어백이 터져 운전자를 지켜 주듯이, 비행기 추락 시에도 낙하산과 에어백이 단계적으로 터져 승객의 목숨을 지켜 주지 않을까?

23

컴퓨터 CPU 클럭 수의 한계

컴퓨터에는 [그림]과 같은 CPU(central processing unit, 중앙 연산 장치)라는 것이 들어 있는데 이것이 컴퓨터의 두뇌이자 엔진이다. 작은 컴퓨터인 휴대전화도 마찬가지고 자동차를 비롯하여 대부분의 전자기기에 CPU가 들어 있다. CPU는 기계어로 쓰인 컴퓨터 프로그램의 명령어를 해석하여 실행한다. 외부에서 정보를 입력하고, 기억하고, 연산하고, 부품들과 정보를 교환하면서 컴퓨터 전체의 동작을 제어한다.

그런데 모든 CPU에는 클럭 수라 부르는 주파수가 표시되어 있는데, 이 컴퓨터에 적용하는 전자기파의 주파수로 그 값이 클수록 연산이 빠르다. 마치 사람의 신경 반응 속력과 유사하다. CPU 내부에 연산 장치가 2개 들

[그림] CPU Intel Core i3.
클럭 수가 3.1×10^9 Hz다.

어 있는 것을 듀얼 코어라고 한다. 즉 CPU가 2개인 컴퓨터인 셈이다. 하나보다는 2개가 빠르고, 2개보다는 4개가 빠르나, 그 이상은 별 효과가 없다.

1996년에 CPU를 만드는 가장 큰 회사인 인텔사 사장이 다음과 같은 이야기를 했다고 한다. "현재의 프로세서는 200 MHz로 작동한다. 2011년에는 10 GHz의 속도가 될 것이다." 하지만 틀렸다. 현재 가장 빠른 것이 그 절반 정도다.

개인용 컴퓨터 초창기에는 클럭 수가 메가헤르츠(MHz $=10^6$ Hz)급이었다. 그러다 점차 빨라져 지금은 메가헤르츠보다 1,000배 빠른 기가헤르츠(GHz $=10^9$ Hz) 단계다. 우리가 궁금한 것은 한 10년 뒤에는 이것보다 1,000배 빠른 테라헤르츠(THz $=10^{12}$ Hz) CPU가 등장할 것이냐다. 컴퓨터공학 전공자에게 물어보면 뭐라고 할까?

GHz급의 CPU에 1,000배 빠른 THz 주파수를 걸면 작동하지 않는다. 왜 그럴까? 실제로 THz 주파수를 걸면 뜨거운 열이 나고 심하면 회로가 타 버린다. 회로가 열을 낸다는 것은 무엇인가 일을 한다는 것이므로 당연한 일이지만 그 열이 지나치게 나면 작동하지 않는다. 그 이유를 생각해 보자.

전자기파는, 저항(R, resistor)이나 유도기(L, inductor)나 축전기(C, capacitor)를 비롯한 소자의 크기가 자신의 파장보다 아주 작은 것들을 통과할 때는 적은 열을 내지만, 파장 정도로 커지면 반사, 굴절 등 여러 가지 작용을 하면서 많은 열을 내기 때문에 작동하지 않는다. 즉 클럭 수가 3.0 GHz면 소자의 크기는 이 클럭 수에 해당하는 파장보다 상당히[79] 작아야 과열되지 않는다. 파장보다 소자의 크기가 작을수록 전자기파가 잘 통과하고 열이 적게 난다. 동일한 원리로 안테나는 이와 반대다. 안테나 크

79 정확히는 1/4 이내다.

기가 파장 크기에 근사하거나 더 커야 신호가 잘 잡힌다.

주파수가 3.0 GHz $=10^9$ Hz면 파장은 다음처럼 구한다. 모든 파동은 파장(λ)에 주파수(f)를 곱하면 속력(전자기파의 속력인 광속, $c = 3 \times 10^8$ m/sec)이 된다. 즉 $\lambda f = c$로 파장과 주파수는 서로 역수 관계다. 따라서 파장은 다음과 같다.

$$\lambda = \frac{c}{f} = \frac{3 \times 10^8 \text{ m/sec}}{3 \times 10^9/\text{sec}} = 10^{-1} \text{ m} = 100 \text{ mm}$$

즉 10 cm다. 컴퓨터 내부의 소자들이 이보다 상당히 작은 2~3 cm 정도 또는 그 이하여야 한다. 실제로 컴퓨터를 열어 보면 대부분의 소자가 2~3 cm 이하다.

이제 여기에 1,000배 빠른 THz를 걸려면 소자 크기를 1/1,000로 줄여야 한다. THz는 파장이 100 μm(마이크로미터 = 미크론)로 소자가 10 μm 이하의 크기여야 하는데 이는 머리카락 굵기다. 못 만들 것은 없으나 만든다면 굉장히 비싸 시장성이 없을 것이다.

결국 현재의 3 GHz급 CPU를 10 GHz로 올리려면 소자의 크기도 줄이고 강력한 냉각 장치도 있어야 한다. 참고로 우리나라는 CPU를 못 만든다. 모두 수입품이다. 기술이 없는 것이 아니고 동일한 성능으로 싸게 만들어 인텔 같은 회사와 경쟁할 능력이 없다. 현재의 컴퓨터 소자의 크기는 1 cm급으로, 사람이 손가락으로 작업할 수 있는 최소 크기다. 따라서 소자의 크기가 머리카락 굵기인 THz급 CPU가 시장에 출현할 가능성은 없는 것처럼 보일 것이다.

그러나 답은 '가능하다'이다. GHz보다 100만 배 빠른 PHz(페타헤르츠) CPU가 가능할 날도 금세기 이내로 올 것이라고 생각한다. 소자의 크기는 원자 크기로 눈에 안 보일 것이다. 그런데 현재의 *RLC*에 기반을 둔 전자공학으로는 안 된다. 새로운 방법이 필요하다.

24

전자공학이란 무엇일까?

전기 유전율이 엡실론(ε)인 물체에 E라는 전기 마당을 가해 주면 D라는 대체 전기 마당[80]이 생긴다. 가해 준다는 말은 전압을 걸어 준다든가, 레이저를 쏘아 준다든가, 또는 햇빛을 비춰 준다든가 등등이다. 이를 다음처럼 표시하는데 광학의 기본 식이다.

$$\vec{D} = \varepsilon \vec{E}.$$

자기 투자율이 뮤(μ)인 물체에 H라는 자기 마당 세기[81]를 가해 주면 B라는 자기 마당이 생긴다. 가해 준다는 말은 자기력을 만들어 준다는 뜻이다. 이를 다음처럼 표시하는데 자기학의 기본 식이다.

$$\vec{B} = \mu \vec{H}.$$

어느 물체든 그 전자기적(전기 자기적) 성질은 엡실론과 뮤의 두 가지 값이 결정한다. 어떤 물체에 전기 마당을 만들어 주면 전자기파가 광속으로 통하면서 전자들이 움직여 전류가 흐르는데, 중간에 '다른' 물질을 만나면 에너지를 소모하고 일을 하게 된다. 전자기파가 통과하면서 얼마나 같은 물질이냐 다른 물질이냐를 구분하는 것이 임피던스다. 임피던스는 엡실론과 뮤의 비율로서, 전자기파는 이 비율이 같으면 같은 물질로, 다르면

80 Electric displacement.

81 Magnetic intensity.

다른 물질로 인식한다. 임피던스 차이가 클수록 반사파가 많이 발생하여 열이 더 난다. 저항이 임피던스의 한 예다.

전기 자기적으로 '같은' 물질이라는 뜻은 엡실론과 뮤의 비가 같은 물질이라는 뜻이다. 전자공학이란 물체에 전기 마당을 걸고 임피던스를 조절하는 학문이다.

"Impedance is the complex-valued generalization of resistance."
"Electronics is the science of how to control electric energy, energy in which the electrons have a fundamental role."-Wikipedia[82]

임피던스는 엡실론과 뮤의 비를 조절하면 되나 이것은 원자 단계에서 결정되는 것으로 쉬운 일이 아니다. 그래서 대안이 *RLC*다. *R*는 

저항이고, *L*은 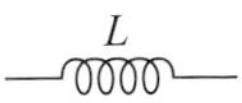

유도기고, *C*는 

축전기다. 아무리 복잡한 소자라도 자르고 자르면 마지막에는 *RLC*로 간다. 그래서 전자공학과에 들어가면 지속적으로 *RLC*를 가르치는 것이다. 이것이 기본이기 때문이다.

*L*과 *C*를 잠시 돌아보자. 전류가 흐르는 방법에는 두 가지가 있다. 하나는 전자가 움직여 전류가 흐르는 것으로 전도전류(conduction current)라 한다. 전기 마당을 걸면 전자기파는 광속으로 전달되나 이에 반응하는 전자는 1초에 대략 1 mm밖에 안 간다. 이는 전자들이 도선 내부에서 떠내려가는 평균 속력이다.[83] 전도전류는 유도기에 잘 흐르는 전류다. 유도기는 전류가 일정하게 흐르는 것을 좋아하여 크기나 방향이 변하면 잘 흐르지 못한다. 즉 저주파일수록 전류가 잘 흐른다. 형광등의 안정기가 유도기

82 이렇게 배워서는 안 된다.
83 전자의 유동 속력(drift velocity)이라고 한다.

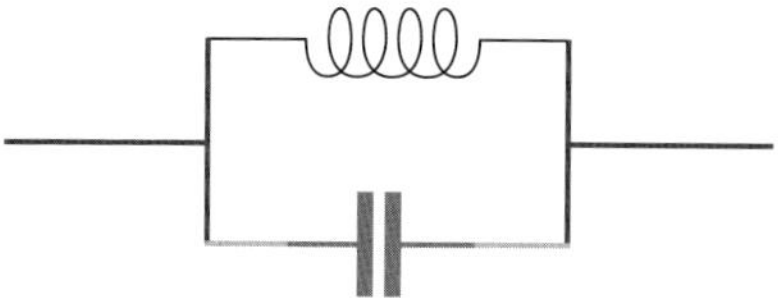

[그림 1] LC 병렬회로

[그림 2] LC 직렬회로

로 이것이 고장 나면 불빛이 일정하지 않고 깜빡거린다.

다른 하나의 방법은 충전과 방전을 되풀이하여 전류가 흐르는 방법이다. 이를 변위전류(displacement current)라고 하는데 축전기에 잘 흐르는 전류다. 축전기는 전자가 가운데를 통과하지 못한다. 대신 전류의 방향이 바뀌며 충전과 방전을 계속하여 전류가 흐르는 것이다. 따라서 전류의 방향이 자주 바뀌는 고주파일수록 전류가 잘 흐른다.

만일 [그림 1]처럼 회로를 연결하고 교류를 걸면 저주파는 위(유도기)로만 통과하고 고주파는 아래(축전기)로만 통과한다. 따라서 유도기를 저주파 통과기(low−pass filter), 축전기를 고주파 통과기(high−pass filter)라 부른다. 또한 유도기를 음의 축전기, 축전기를 음의 유도기라고도 한다. 회로에서 일은 저항에서 한다. 즉 에너지는 R에서만 소모한다.

만일 [그림 2]처럼 직렬로 연결하고 교류를 걸면 어떻게 될까? 저주파도 통과하지 못하고 고주파도 통과하지 못하는 것은 맞으나, 전류가 아주 잘 흐르는 특별한 주파수가 존재한다. 이를 공진(공명 진동) 주파수라고 한다. 아날로그 라디오의 다이얼을 돌려 방송국을 찾다 보면 어느 순간에 소리가 잘 들리는 주파수가 나오는데 그것이 공진이다.

전기 전도도가 시그마($\sigma = 1/\rho$)[84]인 물체에 전기 마당(E)을 가해 주면 전도전류밀도(J_C)[85]가 생기는데 이를 다음처럼 쓴다.

84 ρ를 비(比)저항이라 한다.

[그림 3] 유도기(왼쪽)와 축전기(오른쪽)의 여러 가지 모습. 유도기는 코일을 감은 것이다. 형광등 안정기를 뜯어 보면 나온다. 축전기는 내부에 전류가 잘 통하는 얇은 판들 사이에 전류가 잘 통하지 않는 물질들이 들어가 겹겹이 쌓여 둥글게 말려 있다.

$$\vec{J}_C = \sigma \vec{E}.$$

이를 전도전류의 '옴의 법칙'이라고 하는데 전기전자공학의 기본 식이다. 옴의 법칙을 이렇게 배운 사람은 그 선생님께 감사드려야 한다.

변위전류의 옴의 법칙은 다음처럼 전기 마당(E)에 주파수가 ω인 교류를 가해 주면 변위전류밀도(J_D)[86]가 생기는 것으로, 다음처럼 쓴다.

$$\vec{J}_D = j\omega\varepsilon\vec{E}.$$

j는 복소수인데 전자공학에서는 i가 전류를 의미하므로 복소수 기호로 j를 쓴다. 전자공학에서 회로를 해석할 때 sin이나 cos으로 다루면 나중에 복잡해서 식을 따라가지 못한다. 회로를 해석할 때는 복소수로 기술하는 것이 좋다.

85 conduction current density.

86 displacement current density.

25 메타공학과 휴대전화의 미래

*RLC*를 기반으로 하는 소자들은 아무리 작게 만들어도 크기에 한계가 있다. 대부분 1 cm 정도인데 사람 손가락 끝 지름 크기다. 만일 1 mm 이하로 만들려면 손으로는 불가능하고 기계로 만들어야 하는데 엄청나게 비싸다. 이것이 CPU 클럭 주파수의 한계다.

문제의 근본으로 돌아가 보자. 전자공학이란 임피던스를 조절하는 것인데 임피던스는 엡실론(ε)과 뮤(μ)가 결정한다. 그런데 이를 직접 조절할 기술이 없기 때문에 대신에 *RLC*를 사용하는 것이 지금의 전자공학이다.

그런데 20세기 원자 물리학의 발전은 21세기에 원자들을 직접 결합하여 공명시켜 조금씩 ε과 μ를 조절할 수 있게 되었다. ε과 μ가 복소수로 모든 값을 가질 수 있도록 만드는 것인데 이는 21세기에 새로 시작된 메타물질(metamaterial) 기술의 하나다. 메타 물질이란 자연 상태에 존재하지 않는 성질을 갖도록 인공적으로 만들어 낸 물질을 통칭하여 말한다. 결국 앞으로 *RLC* 없이 원자들을 조합하여 임피던스를 조절할 수 있게 된다는 뜻이다.

수소 원자의 지름이 약 0.1 nm이므로 원자 1,000개를 일렬로 연결해도 100 nm다. ε과 μ로 임피던스를 조절할 수 있으면, 소자의 크기를 1,000분의 1로 줄여 THz(테라헤르츠) 주파수를 걸어 주는 정도가 아니라, 나아가 100만분의 1로 줄여 PHz(페타헤르츠) 주파수를 걸어 줄 날이 온다.

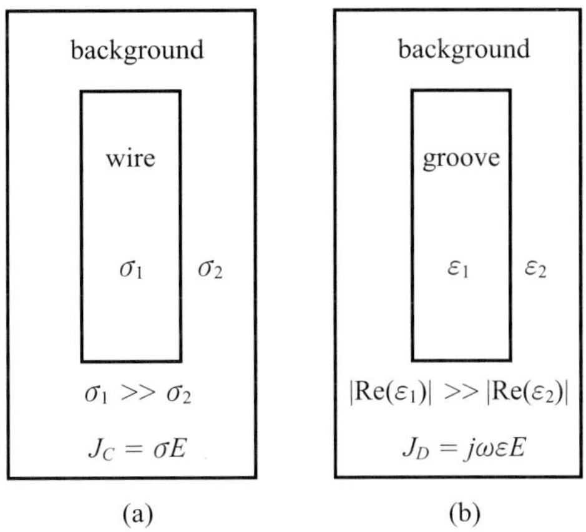

[그림] (a) 전자공학에 의한 도선, (b) 메타공학에 의한 도선.

PHz 주파수는 태양에서 오는 가시광선의 주파수 정도이므로 빛으로 작동되는 광회로를 만들 수 있다. 가시광선은 파장이 400~700 nm 정도이므로 소자들을 100 nm 이하로 만들면 레이저는 물론이고 전등 빛으로 작동시킬 수 있는데 이를 이용한 회로를 광회로라 한다. 그러면 전자공학과 광학이 하나로 통합된다. 전자회로와 광회로의 근본적인 차이는 회로를 전자로 구동하느냐 아니면 광자로 구동하느냐다.

광회로는 빛을 비추는 각도에 따라 직렬연결과 병렬연결이 결정되므로, 예를 들면 직렬 40 %, 병렬 60 %로 회로를 연결하는 것이 가능하다. 회로에 도선도 필요 없다. 회로에 도선이 필요한 이유는 전류가 흐르는 지역과 흐르지 않는 지역을 구분하기 위함이다. 즉 전원에 의하여 발생한 전기 마당의 영역을 제한하기 위해서인데, 방법론적으로는 전선 내부와 외부의 전기 전도도(σ, electric conductivity) 차이를 크게 하여 만든다. 그런데 단지 전기 마당의 영역을 제한하는 것이 문제라면 전선을 사용할 필요가 없고 엡실론만 마음대로 변화시킬 수 있으면 [그림]처럼 회로 구성이 가능하다.

메타공학의 발전은 휴대전화에도 나타날 것이다. 휴대전화의 크기는 옷에 꽂는 핀 크기로 줄어든다. 형광등 불빛 정도의 약한 빛으로도 작동하기 때문에 배터리가 없어진다. 아무리 잘 만든 배터리도 배터리 없이 구동하는 것만 못하다. LED 화면은 사라지고 영화 〈스타워즈〉에 나오는 것처럼 허공에 3차원 홀로그램 영상을 불러내 대화한다.

로봇 분야에서도 나타난다. 현재 가장 작은 로봇은 크기가 몇 밀리미터 수준인 밀리 로봇인데 우리는 이를 마이크로 로봇이라고 부른다. 엄밀히 말하면 마이크로 로봇은 크기가 1마이크론인 1/1,000 mm 이하인 로봇이어야 하나 이것은 불가능하므로, 작다는 의미에서 마이크로 로봇이라고 하는 것이다. 하지만 메타공학의 도입은 실제로 마이크로 로봇이 가능한 세계를 넘어서 더 작은 나노 로봇도 등장시킬 것이다. 나노 로봇이 혈관이 아니라 신경을 타고 다니며 병을 치료하는 시대가 올 것이다.

26

치매의 치료

치매(癡呆, dementia)란 뇌세포 간의 연결이 끊겨 뇌에서의 통신에 문제가 생기는 병이다. 사고력 등 뇌 활동은 기본적으로 기억력에 기반을 두고 있다. 새로운 자극이 들어오면 뇌세포 사이에 흐르는 물질을 통하여 기억이 저장된다. 그런데 뇌 회로가 중간중간이 끊겨 고장 나는 것이다. 뇌의 통신 조직이 원활하지 않으면 기억력이 감퇴하고 사고력이 떨어져 판단력에 장애가 발생한다. 치매는 뇌 조직의 퇴행성이 진행되며 생기는 것으로 노화의 한 단계다. 세포 사이의 연결이 끊어지면 지적 능력이 감소하며, 동시에 뇌가 수축하는 현상을 보인다.

인간은 나이가 들면 서서히 뇌 기능이 약해지는데 그 단계가 일상생활을 방해할 정도의 심각한 기억력 및 지적 능력의 상실이 발생할 때 치매로 분류한다. 치매 증상 중 하나가 언어 능력의 퇴화다. 이 말은 인간이 오늘날의 고등 생명체로 진화하는 데 언어가 큰 역할을 했다는 뜻이다. 언어 능력을 측정하는 것이 그 사람의 사고력을 측정할 수 있는 가장 간단한 도구다. 언어 능력은 크게 네 가지로, 듣는 능력, 읽는 능력, 말하는 능력, 그리고 쓰는 능력이다.

치매를 진화학적 관점에서 보면 나쁘기만 한 것은 아니다. 인간에게 가장 두려운 것은 죽음이다. 죽음의 공포는 종교와 철학을 발전시켰다. 그러나 인간도 생물학적 존재로서 생존의 본능을 넘을 수 없다. 치매는 인간이 말년에 그 죽음의 공포를 극복하는 과정이다. 혹시 치매 걸린 사람이 죽음을 두려워하는 것을 본 일이 있는가? 하지만 주변 사람이 힘들다는 것이 문제다.

뇌세포는 죽어 가기만 하지 새로 생기지 않기 때문에, 치매를 늦출 수는 있어도 치료는 불가능하다고 보고 있다. 현대의 의학도 치매의 발생을 막거나 가능한 대로 진행을 늦추는 것일 뿐, 치료, 즉 끊어진 뇌세포 간의 통신 체계를 극복하는 것은 아니다.

그런데 최근에 새로운 치료법이 연구되고 있다고 한다. 머리에 아주 작은 기생충을 심는 것인데, 그 기생충이 번성하다 죽어, 그 시체가 뇌세포 사이를 연결하여 뇌세포 사이의 끊어진 통신을 극복한다는 것이다. 한마디로 뇌세포를 손상시키지 않고, 죽은 후에 세포의 연결체와 동일한 역할을 하는 기생충을 만들어 낸다는 것이다. 일반적으로 기생충이 뇌에 침입하면 뇌세포 사이의 조직을 파괴하여 치매가 잘 생긴다고만 생각해 왔지 그 반대는 생각해 보지 않았다. 인간의 상상력은 끝이 없다.

언젠가 치매가 낫는 정도가 아니라, 할아버지가 손자보다 기억력이 좋은 시대가 올지도 모른다. 그런데 내가 내 손자보다 기억력이 더 좋으면 행복할까? 필자는 오히려 그것이 더 두렵다.

27

지진을 사라지게 하는 법

지진은 지각의 판들이 만날 때 쌓인 압력이 한꺼번에 분출하면서 발생한다. 지진이 발생하는 곳을 진원(focus)이라 하는데 지각과 맨틀의 경계 부근이나 바로 윗부분에 주로 위치한다. 지진파는 진원에서 퍼져 가는 1차파인 실체파(body wave)와, 실체파가 지각 표면에 도달하여 발생하는 2차파인 표면파(surface wave)로 나뉜다. 실체파에는 P파(Primary wave, 종파)와 S파(Secondary wave, 횡파)가 있고, 표면파에는 L파(Love wave)와 R파(Rayleigh wave)가 있다.

표면파는 지면으로부터 파장 깊이 정도로만 진행하며, 파장보다 깊으면 진폭이 급격히 감소하여 사라진다. 지표면에서 표면파가 만들어지는 중심을 진앙(epicenter)이라 하는데 주로 진원의 수직 윗부분에 위치한다. 표면파는 파장이 서로 다른 여러 가지 파가 혼재해 있으며 속력은 실체파에 비하여 느리나 파장이 100 m 내외로 길다. 소리가 초저주파로 사람의 귀에는 거의 들리지 않는다(infrasonic, 일부 동물에게는 들릴 수 있다).

표면파는 실체파에 비해 소멸이 천천히 일어나고 진폭이 커서 주요 피해 요인이다. 즉 지진공학에서는 아래에서 수직으로 올라오는 지진파는 막을 필요가 없고 옆으로 오는 지진파만 막으면 된다는 뜻이다. 따라서 지진에서는 1차파의 발생 지점인 진원보다 2차파의 생성 중심인 진앙이 중요하다. 지진의 크기를 정의할 때 가장 많이 사용되는 리히터 규모도 표면파의 데이터로 정의된다. 리히터 규모로 3 이하의 지진은 별다른 피해가 없으며, 큰 피해를 입히는 것은 리히터 규모 6 이상의 지진이다. 지진의 규모가 지수적으로 정의되기 때문에 내진 비용도 규모가 증가함에 따라 지수적으로 증가한다.

최근 100년 이내에 발생한 지진 중에서 규모가 가장 컸던 것은 1960년에 칠레 해안에서 발생한 지진인데 규모가 9.5였으며, 2011년 3월 일본의 동북 해저에서 발생한 지진과 2004년 12월 인도네시아 수마트라 부근의 해저에서 발생한 지진은 규모가 9 정도였는데 대규모 지진해일을 동반했다. 지진으로 인하여 매년 평균 약 1만 명의 사망자가 발생하고 부상자와 재산 피해는 이루 말할 수 없는데 이는 지진이 악해서가 아니고 지구에 대한 우리의 이해가 아직 부족하기 때문이다.

우리나라 부근의 지진은 주로 동해안이나 서해안에 진앙이 있으며, 최근 100년 이내에 발생한 지진 중에는 2016년에 발생한 경주 지진이 규모 5.8로 가장 컸다. 지진의 90 % 이상이 지진대에서 발생하는 것으로 알려져 있는데 다행히 한반도는 지진대를 벗어나 있다. 지진기록 이전 시기의 지진은 지층의 퇴적물을 분석하여 알 수 있다.

인류가 지진을 상대하는 방법은 과거에는 주로 지진에 의한 건물의 요동을 최소화하여 대응하는 수동적인 방식이었다. 기존의 내진설계는 건물과 지반을 분리시켜 지진파의 전달을 줄이는 면진, 건물에서 건물로 전달되는 지진파를 줄이는 방진, 그리고 이미 전달된 지진파에 의한 건물의 흔들림을 줄이는 제진 등이다. 이는 소음진동학에 바탕을 둔 지진공학인데 지금까지 엄청난 발전을 해 왔지만 이것만으로는 지진의 공포를 벗어날 수 없다.

1985년에 멕시코에서 발생한 지진은 규모 8 정도였는데 특정한 크기의 건물만 집중적으로 무너졌다. 그 이유는 지진파에 공명한 건물들이 지진파 에너지를 집중적으로 흡수한 것인데, 이는 역으로 지진파 에너지를 흡수하여 지진을 막을 수 있는 방법을 제시했다. 예를 들면 실체파인 S파는 액체인 지구 외핵을 통과하지 못하여 지구 표면에 지진파 암영대가 생긴다. 이것을 인공적으로 만들어 지진을 막는 것인데 원리는 멕시코 지진에서 본 것처럼 공명을 이용하는 것이다. 원자를 공명시켜 나오는 빛을 외부로 뽑아내는 것이 레이저다. 분자를 공명시켜 나오는 열을 외부로 뽑아내는 것이 전자레인지다. 울림통을 공명시켜 소리를 밖으로 뽑아내는 것이 관악기다. 전자기적 공진회로는 특정 주파수대에서 공진이 일어나면 큰 파장의 전자기파가 빠져나온다.

내부에 거대한 울림통(공명통)을 가진 악기를 시멘트 콘크리트로 만들어 표면의 구멍을 일치하도록 하여 수천 개를 지하에 매설한다. 공명통의 입구 구멍은 유도기에 해당하고 공명통 내부는 축전기에 해당하기 때문에 공명통을 매립한다는 것은 지하에 *LC* 공진회로를 설치하는 것과 같다. 10 Hz 내외의 지진파의 주파수에 맞추어 공명통을 제작하는데 여러 파장의 파가 섞여 있으므로 공명통도 크기가 서로 다른 것들을 혼합하여 [그림]처럼 매설한다. 저주파용일수록 구멍의 크기와 개수를 줄이고, 두께를

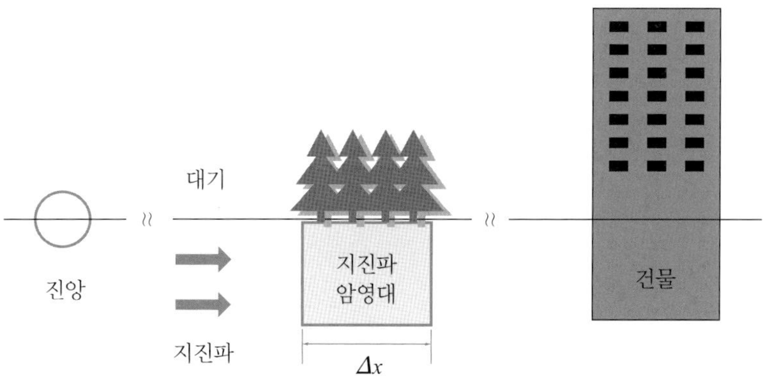

[그림] 인공 지진파 암영대의 원리.

얇게 하며, 내부 부피를 늘린다. 깊이는 건물의 기초공사 부분까지만 매립한다. 공명통과 공명통을 딱 붙일 필요가 없는데 그 이유는 공명통들 사이의 빈 공간이 축전기 역할을 하기 때문이다.

지진파의 파장이 공명통의 구멍 지름보다 훨씬 크므로 강력한 에돌이 현상에 의해 지진파가 공명통 내부로 퍼진다. 지하에 기계적 공진회로를 구축한 후 불어서 악기처럼 연주하는데 부는 것은 지진파 에너지를 이용한다. 지진파를 공명통을 이용해 마치 관악기처럼 공명시켜 지진파 에너지를 열과 소리로 바꾸어 공기 중과 땅속에 뿌려 버리는 것이다. 매립하고자 하는 장소는 진앙에서 오는 지진파가 건물에 도달하기 전에 차단해야 하므로 진앙과 건물 사이의 적당한 곳이다. 진앙의 위치는 과거의 지진 데이터로부터 추정하는데 오늘날에는 100년 이상의 누적된 데이터가 있다.

이 기술은 내진 비용이 내진 규모가 증가할 때 지수적으로 증가하지 않고 선형적으로 증가하므로 규모가 큰 내진설계에 적합하다. 규모를 3 정도 줄이는 방진벽을 만들려면, 예를 들어 규모 7의 지진이 방진벽을 통과한 후 규모 4로 바뀌게 하려면, [그림]에서 Δx = 100 m는 되어야 한다.

방진벽 내외에서는 임피던스가 일치하지 않아 반사파가 존재한다. 또한 방진벽의 지진파가 들어오는 표면 부분은 파괴되나 전체 구조는 살아남는다. 파괴된 부분은 다시 수리하면 된다. 암영대 방법은 임피던스가 일치하지 않으므로 에너지 소모가 발생하는데 지진파 에너지의 일부는 초저주파의 소리로 바뀌어 공기 중으로 날아가고, 다른 일부는 열로 바뀌어 사라진다. 즉 지진이 일어났을 때 큰 저주파가 감지되거나 방진벽 부분의 땅의 온도가 올라가야 효과적으로 작동하는 것이다. 지진의 규모에 따라 어느 정도의 소리가 들릴 것인가는 예측이 가능하다.

이 인공 지진파 암영대(artificial seismic shadow zone)를 이용한 가림은 소음진동학이 아니라 파동학과 음향 메타물질에 기반을 둔 것으로서,

방법이 간단하며, 지진의 경로 적당한 곳에 설치하면 되므로 위치 선정이 자유롭고, 보호하고자 하는 건물을 변형시킬 필요가 없다. 방진벽의 크기가 클수록 효과적이기 때문에, 건물 한 채가 아니라 LA나 도쿄 같은 도시 전체를 저렴한 비용으로 보호할 수 있다.[87]

87 이 기술은 필자의 논문으로서 미국의 과학 잡지인 *Discover* 2012년 7/8월 호, 영국의 과학 잡지인 *New Scientist* 2016년 7월 호 등에 소개되었다.

28

소리 없는 풍력 발전

전자 같은 전하를 가진 물질이 가속 운동을 하면 전자기파가 나오듯이, 질량을 진동하거나 회전시키면 역학파인 음파가 나온다. 소리는 물속에서 공기 중으로는 못 나오지만 공기 중에서 물속으로는 아주 잘 들어간다. 낚시꾼들이 하는 잡담을 물고기들은 다 듣는다. 따라서 낚시터에서는 조용히 해야 물고기가 모여든다. 배가 지나다니는 항로 근처에는 양식이 잘 안 된다. 마치 고속도로 변의 양계장에서 양계가 잘 안 되는 것과 같다. 선상 낚시도 배를 정지하고 엔진을 꺼야 고기가 잡힌다. 따라서 국제적으로 선박 소음과 해상 풍력 소음에 대한 규제가 강화되고 있다.

[그림] 제주도 북부 해안에 있는 풍력단지. 날개가 세 개인 이유는 날개가 가벼울수록 좋은데 안정되게 회전하는 최소 숫자가 세 개이기 때문이다.

과거에는 풍력 발전이 친환경적이라고 해서 [그림]처럼 바람이 센 벌판에는 풍력 발전기가 설치되곤 했다. 그런데 풍력 발전기의 큰 날개(blade)가 돌아가면서 내는 초저주파 음은 사람의 귀에는 잘 안 들리지만 신체 장기에는 나쁜 영향을 주는 것이 밝혀졌다. 그러자 풍력 발전이 육지에서 바다로 옮겨 가게 되었다. 그런데 이번에는 수중 동물들이 큰 피해를 입는 것이었다. 건설 과정에서 저주파의 큰 소리가 바닷속 멀리까지 퍼져 해양 생명체들을 위협하고, 건설 후에도 물속으로 들어가는 소음으로 인하여 주변에 물고기가 적다.

최근에 스페인에서 날개 없는 풍력 발전기가 소개되었다.[88] 기존 풍력 발전기에 비하여 효율은 떨어지나 초저주파를 발생시키지 않으므로 해가 적다. 앞으로 풍력 발전은 이쪽으로 갈 것이다. 그러면 기존의 날개 있는 풍력 발전기는 어떻게 할까? 수명이 많이 남아 있는 것을 철거하려면 그 비용이 만만치 않다. 방법은 날개가 공기를 가를 때 소리가 안 나도록 하면 된다.

이에 대한 대답은 이미 자연에 있다. 올빼미는 비행 시 날개의 윗부분이 날개가 공기를 가를 때 소리가 안 나게 한다. 낮에는 빨리 나는 것이 중요하나, 밤에는 소리 안 나게 나는 것이 사냥에 중요하다. 올빼미 날개의 털 구조가 그렇게 진화했다. 따라서 풍력 발전기의 날개를 올빼미 날개 구조로 변경시키든가, 아니면 그런 구조를 가진 물질로 싸면 회전해도 소리가 안 날 것이다.

퀴즈 일정한 속력으로 원운동을 하는 물체는 가속운동을 하는 것일까, 안 하는 것일까? 만일 한다면 그 가속도의 방향(힘의 방향)은 어느 쪽일까?

---

88 http://www.vortexbladeless.com/home.php

29

항공잠수함

지금까지 지구 표면의 70 %를 차지하는 바다를 지배하는 자가 세계를 지배한 것은 당연했다. 그런데 과거에는 바다 표면을 지배하는 자가 바다를 지배했지만 이제는 바닷속을 지배하는 자가 바다를 지배한다. 예나 지금이나 어떤 형태의 싸움이든 먼저 보는 쪽이 유리하다. 21세기의 해군력의 중심은 자신을 감출 수 없는 항공모함이 아니라 감출 수 있는 잠수함이다. 스텔스 능력이 없는 항공모함은 20세기형 선박으로서 21세기 중반 이전에 퇴장할 것이다.

바다를 지배했던 선박 양식을 보면 19세기는 전함의 시대였고 20세기는 항공모함의 시대였다. 그리고 21세기는 잠수함의 시대다. 그러면 22세기에는 무엇이 바다를 지배할까? 필자는 항공잠수함(air-submarine)이 될 것이라고 본다. 비행기와 잠수함을 결합한 형태로 하늘과 바닷속을 마음대로 오가는 교통수단이다.

항공잠수함이 충분히 가능하다고 생각하는 이유는 이미 자연에 모델이 있기 때문이다. 자연은 가장 큰 스승이다. 인간이 자연을 정복하는 것이 아니라 자연을 이해한 만큼 자연이 인간을 받아준다. 가장 먼저 생각할 수 있는 것은 물방개다. 하늘을 날지만 물속에서 작은 물고기를 잡아먹는다. 일반적으로 곤충은 물에서 하늘로 활주 없이 이륙하는데 앞으로 활주하는 비행체는 다 사라질 것이라고 본다.

[그림] 갈매기처럼 하늘을 날고 펭귄처럼 물속을 헤엄치는 가마우지.

물방개보다 더 큰 것도 있다. 물속으로 잠수하여 물고기를 사냥하는 새인 [그림]의 가마우지(cormorant, 코모란)다. 가마우지는 매와 함께 훈련시켜 사냥에 이용하는 대표적인 사냥새다. 오리와 다르게 날개에 기름기가 적은 까닭에 부풀어 오르지 않아 물속에 들어가면 유선형 몸체로 변하는데, 물고기 못지않게 빠르다. 그리고 물 위로 올라와서는 바로 비행이 가능하다.

현재도 공기 중과 물속을 동시에 비행하는 물체들이 있다. 잠수함에서 발사하는 미사일은 물속에서는 어뢰처럼 가다가 공기 중에 나오면 미사일로 바뀌어 날아간다. 비행기나 수상함에서 발사하는 어뢰는 공기 중을 미사일처럼 날아가다가 물속으로 들어가면 어뢰로 바뀐다. 이른바 미슬-토피도 일체형이다.

항공잠수함으로 가는 첫 단계가 해상이착륙 비행기인데 이미 러시아에서 BE-200이라는 해상이착륙이 가능한 제트 비행기를 개발했다. BE-

200은 엔진이 날개 위에 있어 물이 들어가지 않는다. 육지에서는 바퀴로 이동하다가 물로 들어가면 바퀴가 안으로 들어가고 물에 뜬다. 바다에 직접 이착륙하여 보급을 받을 수 있기 때문에 전 세계 바다가 다 비행장이다.

그다음 단계는 물속과 공기 중을 마음대로 다니는 '수공 드론'이다. 공기 중과 얕은 물속을 다니는 유선 드론은 지금도 나와 있지만 수심 제한이 있다.[89] 물속으로 깊이 들어가면 전자기파를 이용할 수 없으므로 무선 조종이 안 된다. 이를 극복해야 한다.

---

89 https://www.youtube.com/watch?v=FC9EJhs0pc0

과학의 쉬는 시간

인쇄일 2017년 3월 1일 1판 1쇄 인쇄
발행일 2017년 3월 6일 1판 1쇄 발행

지은이 김상훈
감 수 김범엽
발행인 조승식
발행처 (주)도서출판 북스힐
등록번호 제22-457호
주소 01043 서울 강북구 한천로153길 17
(수유2동 240-225)
홈페이지 www.bookshill.com
전자우편 bookswin@unitel.co.kr
전화 02-994-0071
팩스 02-994-0073
값 15,000원
ISBN 979-11-5971-056-8